国家级职业教育规划教材

中等职业技术学校农林牧渔类

林业技术专业教材

森林病虫害防治技术

人力资源和社会保障部教材办公室　组织编写

刘立波　主编

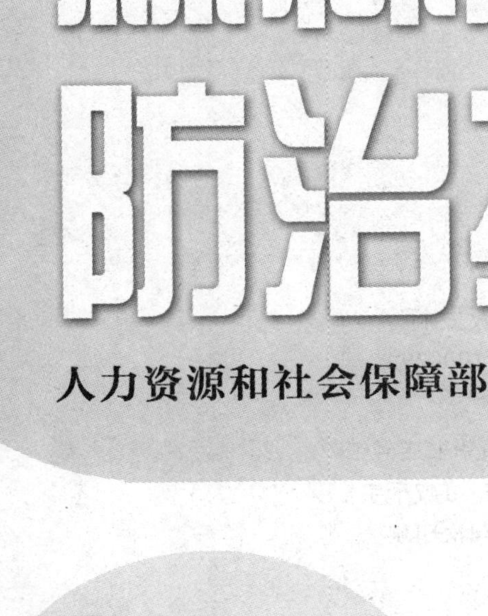

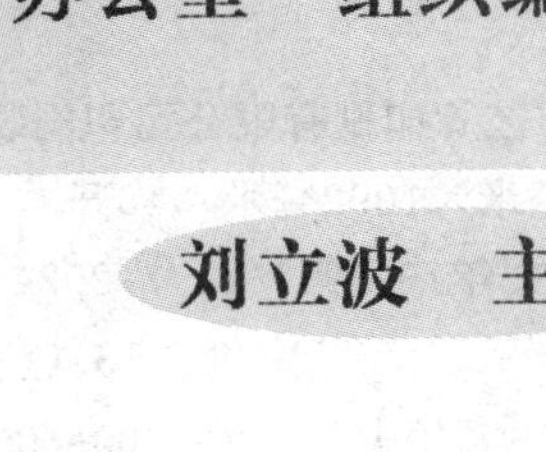

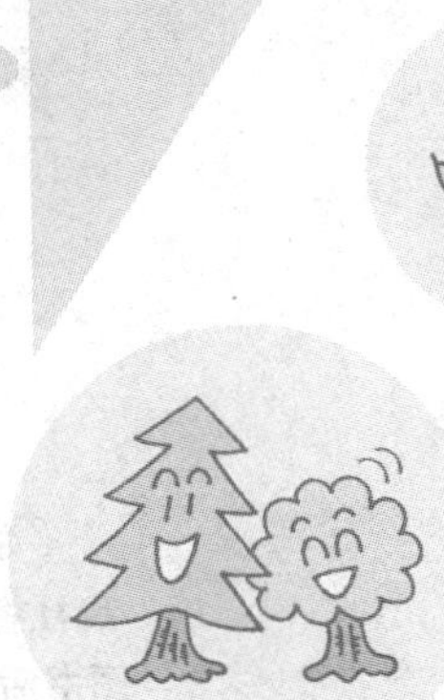

中国劳动社会保障出版社

图书在版编目(CIP)数据

森林病虫害防治技术/刘立波主编. —北京：中国劳动社会保障出版社，2013
中等职业技术学校农林牧渔类林业技术专业教材
ISBN 978-7-5167-0677-0

Ⅰ.①森…　Ⅱ.①刘…　Ⅲ.①森林-病虫害防治-中等专业学校-教材　Ⅳ.①S763

中国版本图书馆 CIP 数据核字(2013)第 243270 号

中国劳动社会保障出版社出版发行
（北京市惠新东街1号　邮政编码：100029）

*

北京市艺辉印刷有限公司印刷装订　新华书店经销
787毫米×1092毫米　16开本　7印张　147千字
2013年10月第1版　2024年5月第4次印刷
定价：13.00元
营销中心电话：400-606-6496
出版社网址：http://www.class.com.cn
http://jg.class.com.cn

前　言

为深入贯彻落实《国家中长期人才发展和规划纲要（2010—2020 年）》和《国家中长期教育改革和发展规划纲要（2010—2020 年）》精神，适应建设社会主义新农村、加快发展现代农业的需要，加大培养适应农业和农村发展需要的专业人才力度，人力资源和社会保障部教材办公室组织了一批教学经验丰富、实践能力强的教师与行业专家，在充分调研、讨论专业设置和课程教学方案的基础上，编写了农林牧渔类相关专业系列教材，共涉及种植、养殖、农机使用与维修、林业技术、农村经济管理、农村能源开发与利用等专业，将于2011—2013 年陆续出版。

本套教材具有以下特点：

第一，以满足农业生产为主导方向，以培养学生实践能力为基本原则，在合理确定学生应具备的能力结构与知识结构基础上，对教材内容的深度、广度进行了科学设计，并突出了实践性教学内容。

第二，根据农村经济和农业技术发展的趋势，尽可能多地在教材中充实新理念、新知识、新方法和新设备等方面的内容，力求使教材具有鲜明的时代特征，满足新农村建设的需要。

第三，在教材的表现形式上，尽可能多地采用图片、实物照片或表格等将知识点、技能点生动地展示出来，力求给学生创造一个更加直观的认知环境。

本套教材的编写得到了黑龙江省人力资源和社会保障厅以及黑龙江技师学院、哈尔滨技师学院、佳木斯技师学院、哈尔滨劳动技师学院、伊春技师学院、中国一重技师学院、黑龙江机械制造高级技工学校哈尔滨分校、五大连池高级技工学校、黑龙江农业职业技术学院、黑龙江农业工程职业技术学院等一批技工院校和职业院校的大力支持，教材编审人员做了大量的工作，在此，我们表示衷心的感谢！同时，恳切希望广大读者对教材提出宝贵的意见和建议。

人力资源和社会保障部教材办公室

2011 年 7 月

简　　介

本书为国家级职业教育规划教材。

本书内容共分四章，分别是森林病虫害防治概述、森林病害防治技术、森林害虫防治技术和森林鼠（兔）害防治技术。

第一章介绍了森林病虫害的概念、森林病虫害防治原理与措施、森林病虫害防治效益以及农药的使用技术；第二章介绍了森林病害的防治基础，以及种苗、叶部和枝干病害的防治技术；第三章介绍了森林害虫防治基础，以及苗木和种实、顶芽及枝梢、食叶和蛀干等害虫的防治技术；第四章介绍了森林害鼠（兔）的类型及危害，以及森林鼠（兔）害的防治技术。

本书由刘立波担任主编，王洪学、张志环担任副主编，董文智、赵科研、艾志强、宋森、陈海波参与编写。

目　录

绪　论

一、我国森林病虫害的现状

目前我国森林病虫害的发生极为严重，主要表现如下：

第一，全国森林病虫害发生面积逐年扩大，经济损失巨大。据介绍，我国是林业有害生物发生、危害最为严重的国家之一。“十一五”期间年均有害生物发生面积 1.7 亿亩，主要林业有害生物种类增加到 295 种，每年因森林病虫害致死树木 4 000 多万株，年均造成损失 1 100 多亿元。2010 年和 2011 年全国林业有害生物中度、重度发生面积年均 5 300 万亩，为同期造林面积的 59%。

第二，历史上严重发生的病虫害未能达到有效控制，如松毛虫每年发生面积平均高达 266.67 万公顷。

第三，过去零星发生危害的病虫害，现在大面积发生，如杨树蛀干害虫，随着大面积杨树纯林的扩大，危害逐年加重，杨树蛀干害虫和食叶害虫每年发生 333.3 万公顷，占杨树面积的 50%左右，减少材积 600 万立方米。

第四，从国外传入的森林病虫害有进一步扩大蔓延的趋势，如美国白蛾、红脂大小蠹、松材线虫等。

第五，过去基本控制的森林病虫害有上升趋势，如日本松干蚧、竹蝗等。

第六，突发性森林病虫害常常暴发成灾，如叶蜂、舟蛾、毒蛾等在不同地区周期性发生，经济损失严重。

二、我国森林病虫害严重发生的主要原因

森林病虫害防治是指对森林植物病虫害的预防和除治。我国的森林病虫害种类多、发生面积大、损失严重。因此，有人把森林病虫害叫做“不冒烟的森林火灾”，森林病虫害已成为制约我国林业可持续发展的重要因素之一。近年来，新的危险性虫害和外来入侵种不断暴发成灾，具有愈演愈烈之势，如萧氏松茎象目前在江西、广西、湖南、湖北、贵州、福建等省区危害严重；外来入侵红脂大小蠹在山西、河南、陕西、河北等省严重危害油松、华山松等。病虫害严重发生的主要原因包括以下几个方面：

1. 造林质量不高

造林缺乏全过程的科学管理和资金的合理配置，重数量轻质量，最终导致大量劣质人工林的出现，给病虫害的长期发生创造了有利条件。

2. 天然林长期超负荷砍伐

以木材生产为中心的林业工作指导思想，造成了天然林长期超负荷采伐，致使天然林的数量和质量下降，森林生物多样性、林分原始结构以及天然林特有的森林生态环境遭到不同程度的破坏，从而导致森林病虫害的发生和流行。

3. 外来病虫害传播加剧

国内、国际的交流日益频繁，危险性病虫、杂草人为传播加剧，美国白蛾、松突圆蚧、日本松干蚧等危险性害虫均由国外林产品传入；在国内，许多重大病虫害疫区的迅速扩大也是人类活动频繁的结果。

4. 缺乏有效的病虫灾情监测手段

未能及时掌握病虫害发生情况、发展动态。

5. 病虫害防治缺乏生态学观点

长期大量使用化学农药，使环境受到严重破坏，有害生物产生抗性，森林生物多样性和森林生态系统遭到破坏，森林自身调控功能严重失调。

6. 病虫害防治缺乏有效的施药器械

对受灾森林不能做到全面、快速、有效的处理，往往剩下大量残存种群，再次形成灾害的条件未能消除。

三、森林病虫害防治的对策措施

1. 坚持搞生态林业

在保护好现有林的基础上，造林要坚持适地适树，采用良种壮苗，营造混交林，实行工程造林和集约经营等林业措施，把森林病虫害防治工作贯穿于林业生产的各个环节，加强早期预防技术的研究和应用，增强林分自然抵御病虫害的能力，走出一条林业生产与病虫害防治协调发展的路子。

2. 加强森林病虫害预测预报工作

坚持把病虫害的调查监测工作放在首位，对辖区内的全部森林资源进行病虫害调查监测，要以全面、及时、准确地掌握森林病虫害动态作为基本目标，确定专人、固定地块、明确对象、指定方法、定时调查，做到及时发现、及时除治。尽快建立起一个覆盖面广的预测预报网络体系，不仅要能够及时掌握森林病虫害发生情况、发展动态，进行区域性短期预报或预警，而且能够结合林木资源状况、气候气象条件等相关资料，进行主要森林病虫害的长期预报，为林业主管部门宏观决策提供科学依据。

3. 加强林木检疫，严防危险性病虫传入

一是加强《植物检疫条例》等法规和森林植物检疫工作重要性的宣传，增强人们的法制观念，促使人们对检疫工作给予理解和支持。二是加强产地检疫，特别是在高速公路难以设检查站和其他公路又缺乏检疫检查站的情况下，产地检疫必须加强。要加强对城镇森林植物及其产品的集贸市场、仓储、加工、销售单位及苗木、花卉、果品等生产单位的管理，堵塞危险性病虫害的传播渠道。三是严禁从国内外松材线虫病、日本松干蚧、美国白蛾、苹果棉蚜、红脂大小蠹等疫区调运森林植物及其产品。对来自国外的森林植物及其产品虽经口岸检疫机构检疫，但运到目的地后，当地森检部门仍要认真复检，确保万无一失。

4. 提高森防科技含量，改进防治手段

森防工作离不开科技的支撑。一是加强县级森防机构建设，设专职人员开展林业有害生物监测、检疫、防治规划与作业监督工作；在林区县建立县级防治作业专业机构，开展森防技术服务、森防药械经营和防治作业服务。二是认真遵守国家有关安全合理使用农药的规定，逐步禁止使用甲胺磷、水胺硫磷等剧毒高残留农药，大力提倡使用微生物农药、仿生农药、动物源农药、植物性农药、矿物性农药，以减轻对环境和水源的污染。三是大力发展生物防治，主要利用天敌防治，利用植物对病虫害的抗性防治，利用耕作方法、遗传方法等防治手段，从而最大限度地保护生态环境。

森林病虫害直接影响着森林资源保护和生态环境建设。良好的生态环境是可持续发展的重要基础和标志，加强森林病虫害防治是保护森林资源，促进生态环境建设的重要环节。

第一章　森林病虫害防治概述

学习目标：

◆掌握林木病虫害的概念

◆掌握森林病虫害综合治理策略和国内外检疫性有害生物种类

◆掌握昆虫的特征、森林病虫害综合治理的措施

◆了解林业害鼠（兔）、害螨的形态与危害

◆熟悉农药的常用剂型，掌握农药的基本使用方法

第一节　森林病虫害的防治对象

森林病虫害防治对象狭义上是指由真菌、细菌、病毒、植原体、线虫、瘿螨、寄生性种子植物等林木病原生物所导致的林木病害和森林害虫，广义的还包括森林鼠（兔）害及叶螨等。

一、林木病害

1. 林木病害的概念

林木病害是指林木在生长发育过程中，由于受到有害生物的侵害或不良环境条件的影响，使得正常的生理活动受到干扰，细胞、组织、器官遭到破坏，林木生长发育不正常，甚至植株死亡，不仅降低了林木产量和质量，而且造成经济、景观和生态损失。如杨树被腐烂病菌侵染常引起主干和枝条皮层腐烂，甚至全株死亡。

林木病害的发生有一定的病理变化过程，简称病变。如果林木受到虫咬、机械伤害以及雹害、风害等在短时间内受到外界因素袭击造成的损害，受害林木在生理上没有发生病理变化过程，不能称为病害，而称为损害。但伤口往往有利于病原物侵入，从而引起林木病害。

林木的病变首先表现在生理功能上，如呼吸和蒸腾作用加强，同化作用降低，酶活性改变，以及水分、养分吸收与运输失常等，称为生理病变；其次是内部组织的变化，如叶绿体

减少，如叶斑、枯梢、根腐、畸形等，称为形态病变。生理病变是组织病变和形态病变的基础，组织和形态病变又进一步扰乱了林木正常的生理程序，影响的结果使病变逐渐加深。

2. 林木病害发生的病原

林木病害发生的病原包括侵染性病原和非侵染性病原两大类。

（1）侵染性病原（生物性病原）

侵染性病原主要是指真菌、细菌、病毒、植原体、线虫、藻类、螨类和寄生性种子植物等。

（2）非侵染性病原（不良环境条件）

非侵染性病原主要包括不适宜林木生长的水分、温度、光照、营养物质、有毒物质等。

3. 林木病害发生的基本因素

林木病害的发生必须具备三个因素：病原、寄主和环境条件。能引起林木病害的生物称病原物；受病原物侵染的林木称为寄主；环境条件指温度、水分、营养和有毒物质等。

寄主遭受病原物侵袭时，会对病原物产生一定的抵抗力。如果寄主的抗病力强，病原物被制止，病害停止发展；如果寄主的抗病力弱，病原物蔓延，病害发展。其中环境条件对病害发展趋向也起着重大作用。当环境条件有利于寄主，而不利于病原物时，寄主可不受损失或受害轻微；反之，病害发展和流行，林木受害严重。

因此，林木病害是病原物、寄主和环境条件三者共同作用的结果。在生产上，选育抗病品种、搞好营林措施，对于预防林木病害有着重要的意义。

4. 林木病害的类别

我国森林病害近 3 000 种，造成一定危害的有 50 余种，其中造成严重危害的有 18 种。森林病害可从不同角度来进行划分，如表 1—1 所示。

表 1—1　林木病害的类别

划分依据	林木病害类别
按病原类群	侵染性病害和非染性病害
按林分起源	人工林病害、天然林病害
按林分用途	用材林病害、经济林病害、薪炭林病害及防护林病害等
按树木种类	针叶树病害、阔叶树病害、乔木病害、灌木病害、杨树病害等
按寄主发病部位	叶部病害、种实病害、枝干病害及根部病害等
按病害传播方式	气传病害、土传病害、虫传病害、种苗传播病害等

二、森林害虫

森林害虫泛指危害森林的昆虫，是林业上最重要的防治对象。

1. 昆虫的基本特征

昆虫是动物界中种类最多、数量最大、分布最广的一个类群。已知的昆虫种类有 100 多万种，约占所有动物种类的 80%。昆虫在分类学上的地位属于动物界节肢动物门昆虫纲。

（1）节肢动物的特征

节肢动物的体躯分节，具有分节的附肢，具有几丁质的外骨骼，开放式血液循环。

（2）昆虫纲的特征

成虫体躯分头、胸、腹 3 部分；头部具有 1 对触角，1 对复眼，2～3 个单眼；胸部具有 3 对足，2 对翅（成虫）；腹部由 10～11 节组成。

昆虫在生长发育过程中，由卵发育到成虫要经过一系列内部器官和外部形态上的变化，这种变化叫变态。昆虫的变态包括完全变态发育（如苍蝇、蜜蜂、家蚕等）和不完全变态发育（如蟑螂、蝗虫等）。以蝗虫为例，如图 1—1、图 1—2 所示。

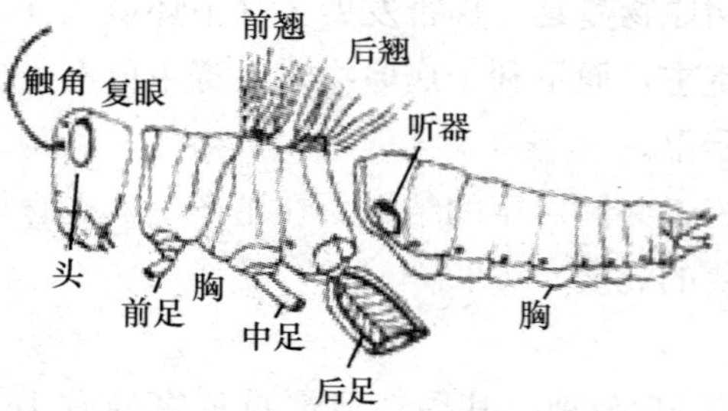

图 1—1　蝗虫体躯侧面

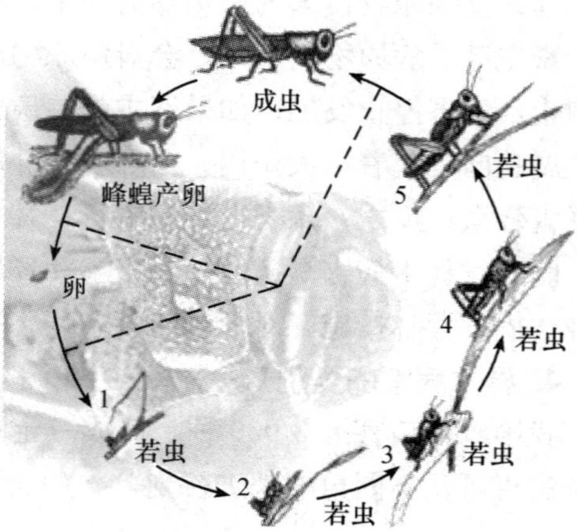

图 1—2　蝗虫的发育过程

昆虫与其他节肢动物的区别，如表 1—2 所示。

表 1—2　　昆虫与其他节肢动物的区别

纲名	体躯分节	眼	触角	足	翅	生活环境	代表种
昆虫纲	头部、胸部和腹部	复眼 1 对；2～3 个单眼	1 对	3 对足	有	陆生、水生	棉蝗
甲壳纲	头胸部、腹部	复眼 1 对	2 对	至少 5 对	无	水生	虾、蟹等
蛛形纲	头部、胸部、腹部	单眼 2～4 对	无	2 或 4 对	无	陆生	蜘蛛、蝎子等
唇足纲	头部、胸腹部	复眼 1 对	1 对	每节 1 对	无	陆生	蜈蚣
倍足纲	头部、胸腹部	复眼 1 对	1 对	每节 2 对	无	陆生	马陆

2. 森林害虫的类别

根据森林害虫危害的植物器官，可分为根部害虫、叶部害虫、枝干害虫、种实害虫；根据森林害虫的系统分类，可分为直翅目害虫、鳞翅目害虫、鞘翅目害虫以及松毛虫类害虫、天牛类害虫等；根据森林类型可分人工林害虫、次生林害虫、用材林害虫、防护林害虫、经济林害虫等；根据林龄可分为苗木害虫、幼龄林害虫、中龄林害虫、成熟林害虫等；根据树种类别可有针叶林害虫、阔叶林害虫、竹林害虫等。

三、林业害鼠（兔）

森林害鼠在分类上属于哺乳纲啮齿目，啮齿目是哺乳动物中种类和数量最多的类群。它与其他哺乳动物的主要区别是：有一对门牙，呈凿状，没有齿根，能终生生长；没有犬齿，门齿和臼齿之间有空缺。危害林木的野兔和鼠兔也是哺乳动物，属于兔形目，牙齿与啮齿目相似，但上门牙两对，第二对上门牙小，位于第一对的后方。兔形目为草食性动物，上唇中部纵裂，没有尾或有尾极短小。

我国现有林业害鼠（兔）160 种，给林业造成危害的 60 多种，其危害严重的有 12 种。我国森林鼠（兔）危害严重的地区有内蒙古、陕西、宁夏、青海、甘肃、新疆等地，发生面积仅次于虫害，主要啃食幼苗、幼树树根、树枝以及嫩枝芽，或盗食果实及直播造林的种子等，影响树木生长甚至造成整株死亡，降低直播造林出苗率和人工林的保存率。

四、林业害螨

对林业造成危害的螨类约有十几种，在寄主的叶、芽、嫩茎、花及幼芽上吸食为害，严重时造成叶、花、果脱落或造成虫瘿。

1. 螨类的特征

螨类属于节肢动物门，蜘蛛纲、蜱螨目。蜱螨类与昆虫的主要区别在于：体不分头、胸、腹三段；无翅；无复眼，或只有 1～2 对单眼；有足 4 对（少数有足 2 对或 3 对）；变态经过卵—幼螨—若螨—成螨。与蛛形纲其他动物的区别在于：体躯通常不分节，腹部宽阔地与头胸相连接。

螨类体长小于 1 毫米，常为圆形或卵圆形，一般由四个体段构成：颚体段、前肢体段、后肢体段、末体段。颚体段即头部，生有口器，口器由 1 对螯肢和 1 对足须组成。口器分为刺吸式或咀嚼式两类。刺吸式口器的螯肢端部特化为针状，称口针，基部愈合成片状，称颚刺器，头部背面向前延伸形成口上板，与口下板愈合成一个管子，包围口针。咀嚼式的螯肢端节连接在基节的侧面，可以活动，整个螯肢呈钳状，可以咀嚼食物。前肢体段着生前面两对足，后肢体段着生后面两对足，合称肢体段。足由 6 节组成：基节、转节、腿节、膝节、胫节、跗节。末体段即腹部，肛门和生殖孔一般开口于末体段腹面。

螨类一般多两性卵生。发育阶段雌雄有别。雌性经过卵、幼螨、第一若螨、第二若螨到成螨；雄性则无第二若螨期。有些种类进行孤雌生殖。繁殖迅速，一年最少 2～3 代，最多

20～30 代。

2. 林业主要螨类

危害林木的螨类主要包括叶螨和瘿螨。

（1）叶螨

叶螨的体微小，长 0.4～0.6 毫米，圆形或椭圆形。雄螨腹部尖削。体通常为红色、暗红色。口器刺吸式。表皮柔软，背面无盾板。植食性，只危害叶片，常群聚于叶背吸取汁液。

（2）瘿螨

瘿螨的体极微小，长约 0.1 毫米，蠕虫形，狭长。刺吸式口器。成螨、若螨只有 2 对足，位于体躯前部。前足体段背板呈盾状；后足体段延长，具许多横向的表面环纹。植食性，多在叶、芽或果实上吸取汁液，常引起畸形或形成虫瘿，有的危害部位隆起似 1 层毛毡（俗称毛毡病）。

【思考与练习】

1. 森林病虫害防治对象有哪些？
2. 林木病害的概念，病害发生的条件是什么？
3. 昆虫的主要特征是什么？
4. 昆虫与其他节肢动物的区别是什么？
5. 螨类的主要特征是什么？

第二节　森林病虫害防治原理与措施

一、森林病虫害防治原理

森林病虫害的防治要采用可持续治理的基本思路。

森林病虫害可持续治理是一种集经济、社会、生态效益相互协调的防治策略，是在综合治理基础上的一次飞跃。它强调以整个生态系统为基础，通过对整个生态系统的维护与调控，增强系统结构和功能的稳定性，发挥生态系统对森林病虫害的制衡作用。森林病虫害的可持续治理是在充分了解森林生态系统结构与功能系统及其森林植物—有害生物—天敌三者关系进行合理调节，变对抗为利用，变控制为调节，充分调动系统内各种生物因子的作用，实现对森林病虫害的调控与管理。

在森林病虫害的治理工作中，既要考虑治理对象与被保护对象，也要考虑森林生态系统中其他生物资源；既要考虑当前森林病虫害的发生危害，也要考虑其将来的发展动态；既要考虑满足当代人对森林的多样化需求，也要考虑不破坏后人赖以生存的资源基础和环境条件。

二、森林病虫害防治措施

在森林病虫害可持续治理策略框架下的森林病虫害防治措施主要包括森林植物检疫、林业技术防治、生物防治、化学防治、物理防治。具体防治措施如下：

1. 森林植物检疫

森林植物检疫是通过立法途径阻止危险性病虫害从一国或一地传入另一国（地）。森林植物检疫包括对内检疫和对外检疫，内容包括检疫、禁运、检查及产地无虫证明书。检疫的目的是：禁止危险性病虫害随植物及产品由国外输入或由国内输出；将国内局部地区已发生的危险性病虫害封锁在一定的范围内不致蔓延；当危险性病虫害传入新地区时，采取紧急措施就地消灭。

对外检疫是对由国外输入的种子、苗木和繁殖材料、原木、林产品必须经过严格的检疫手续及处理，直至发现确无检疫对象存在时才能允许其进口。对内检疫由国内已经发生某种检疫病虫害的地区运往其他地区的检疫植物及其产品必须经过严格的检疫手续和处理才允许运出。2005 年，我国检疫害虫和病害名录如表 1—3 所示。

表 1—3　2005 年我国检疫害虫和病害名录

类别	名称	拉丁文
害虫名录	红脂大小蠹	*Dendroctonus valens*
	松突圆蚧	*Hemiberlesia pitysophila*
	杨干象	*Cryptorrhynchus lapathi*
	苹果蠹蛾	*Cydia pomonella*
	美国白蛾	*Hyphantria cunea*
	双钩异翅长蠹	*Heterobostrychus aequalis*
	蔗扁蛾	*Opogona sacchari*
	枣大球蚧	*Eulecanium gigantean*
	红棕象甲	*Rhynchophorus ferrugineus*
	青杨脊虎天牛	*Xylotrechus rusticus*
	椰心叶甲	*Brontispa longissima*
	松材线虫	*Bursaphelenchus xylophilus*

续表

类别	名称	拉丁文
病害名录	猕猴桃细菌性溃疡病菌	*Pseudomonas syringae*
	松疱锈病菌	*Cronartium ribicola*
	落叶松枯梢病菌	*Botryosphaeria laricina*
	杨树花叶病毒	*Poplar mosaic virus*
	冠瘿病菌	*Agrobacterium tumefaciens*
	草坪草褐斑病菌	*Rhizoctonia solani*

2. 林业技术防治

林业技术防治是防治森林病虫害的基本方法，是应用林业技术措施来防止病虫害的发生。即通过选种（良种选择）、育苗（培育壮苗和选择无病虫害苗木出圃造林）、造林（适地适树、土壤消毒、营造混交林、防止病虫害交叉传染的林木同地造林等）、经营管理（抚育、疏伐、卫生伐，伐除衰弱木、病虫木等）、采伐（伐后清理剩余物，消除潜藏病虫害的隐患）、运输、储藏（贮木场木材应及时进行防病虫害处理，以免病虫害滋生）等各项林业措施来防治病虫害的发生。

3. 生物防治技术

生物防治特别适用森林害虫的防治。生物防治分为传统的生物防治和天然生物防治，前者主要用于国外传入的病虫害防治；后者主要用于本地固有病虫害的防治。传统的生物防治包括对外来害虫原产地天敌的引进、繁殖和释放等。天然生物防治包括给害虫的天敌补充食物、提供栖息场所、繁殖和利用等。森林病虫害生物防治主要有下列内容：

（1）森林害虫生物防治

森林害虫生物防治包括天敌昆虫的利用、益鸟的保护和招引，以及昆虫病原微生物的利用。具体防治措施，如图 1—3 所示。

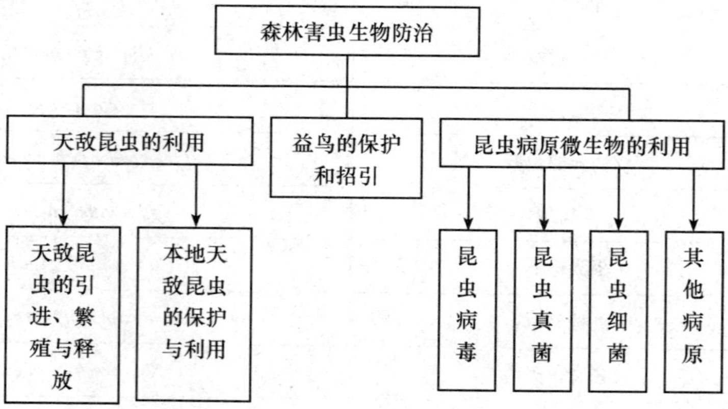

图 1—3　森林害虫生物防治

（2）森林病害生物防治

森林病害生物防治主要包括拮抗微生物的利用、微生物竞争作用的利用、重寄生微生物的利用、微生物的交叉保护作用。

4. 森林病虫害化学防治技术

化学防治作用快、效果好，使用方便，防治费用低，能在短时间、大面积范围内控制病虫害的危害。但化学农药易于引起环境污染、杀伤天敌，使次级害虫上升为主要害虫和引起病虫害产生抗药性。近年来，一些高效、低毒、低残留、有选择性的化学农药相继应用，降低了化学农药的副作用。所以，在森林病虫害大发生、而其他措施又无法在短时间内迅速有效控制病虫害的情况下，也可以考虑适当使用化学农药。具体的防治措施如图1—4所示。

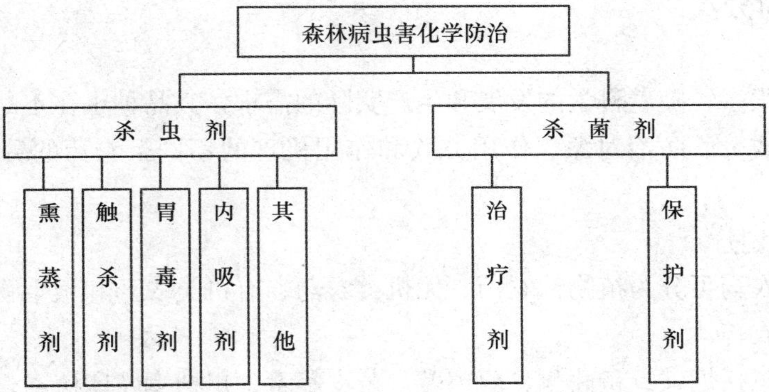

图1—4　森林病虫害化学防治

5. 物理防治

物理防治包括捕杀法，如振落、剪除等；诱杀法，如灯光、食物、潜所诱杀等；阻隔法，如越冬越夏阻隔或隔带等；射线处理法，如种子或原木处理等；高温防治法，如高温浸泡种子苗木等。

【思考与练习】

1. 简述有害生物综合治理的概念。
2. 有害生物综合治理中的防治措施各有何优缺点？
3. 森林植物检疫的目的是什么？
4. 2005年国家林业局公布的林业检疫性有害生物有哪些？
5. 简述森林植物检疫内容和程序。

第三节 农药的使用技术

农药是指用于预防、消灭或控制危害农林业的病、虫、杂草和其他有害生物及有目的地调节植物、昆虫生长的化学合成的或者来源于生物、其他天然物质的一种物质或几种物质的混合物及其制剂。目前世界上已注册登记的农药品种达 1 500 多种，其中常用的也有 300 多种。要认识农药，必须具备农药分类和农药剂型等方面的知识。

一、农药的分类

农药的品种很多，随着科学的发展和生产实际的需求，其品种也在不断增加。由于农药的来源、用途、成分、防治对象、作用方式和作用机理的不同，农药的分类方法也不尽相同。

1. 按照来源划分

按照来源，农药可分为植物性农药、无机类农药、有机类农药和微生物农药。

（1）植物性农药

植物性农药包括烟碱、鱼藤酮、藜芦碱、苦皮藤素、川楝素及印楝素。

1）烟碱：杀虫活性较高，是一类抑制神经组织的药剂，主要为触杀，并兼有胃毒和熏蒸作用。对鳞翅目、半翅目和双翅目害虫有效。剂型为 10％烟碱乳油含 27.5％油酸烟碱乳油。

2）鱼藤酮：是一种触杀剂，并兼有胃毒作用。无内吸作用。对鳞翅目和叶螨有效。剂型有 2.5％鱼藤酮乳油。

3）藜芦碱：是一类触杀剂，剂型为 0.5％藜芦碱醇液剂。

4）苦皮藤素：是一类有胃毒作用的药剂，无触杀和熏蒸作用，主要用于防治鳞翅目和鞘翅目害虫，剂型有乳油和可湿性粉剂。

5）川楝素：具有胃毒和触杀作用，对鳞翅目、鞘翅目和同翅目害虫有效。剂型有 0.5％楝素杀虫乳油。

6）印楝素：具有拒食、忌避、毒杀和影响昆虫生长发育等多种作用。并有良好的内吸传导作用，可用于防治鳞翅目害虫。

（2）无机类农药

无机类农药是以无机物或天然矿物为原料制成的农药，如石硫合剂、矿物油和硫酸铜等。

（3）有机合成农药

人工合成（或仿生合成）的农药，该类品种很多。如有机磷类、有机硫类、氨基甲酸酯。

（4）微生物农药

1）微生物杀虫剂

①苏云金杆菌杀虫剂：是一类具有胃毒作用的制剂，必须通过昆虫口腔食入中肠后，晶体毒素才能被释放出来发挥作用。可用于防治鳞翅目、鞘翅目和双翅目昆虫，防治幼龄幼虫效果较好。其品种有近 40 余种，剂型有可湿性粉剂、粉剂、悬乳剂等，一般芽孢含量为 100 亿/毫升（克）。

②乳状芽孢杆菌：主要是胃毒作用。通过口腔进入昆虫体内而破坏昆虫的组织。防治对象主要为金龟子幼虫。只有粉剂。

③白僵菌：主要是依靠分生孢子接触虫体，在高湿条件下萌发、侵入、繁殖和分泌毒素破坏昆虫的组织，导致昆虫死亡，可防治多种害虫。品种主要有 4 种粉剂。

④病毒杀虫剂：该类杀虫剂约有 50 多种，用于林业害虫防治的有美国白蛾 GV 制剂、松叶蜂 NPV 制剂、舞毒蛾 NPV 制剂、苹果蠹蛾 GV 制剂、天幕毛虫 NPV 制剂等。这一类杀虫剂主要通过昆虫取食，包涵体在中肠内溶解释放出病毒粒子，病毒粒子侵染各种组织，最后把昆虫各种组织破坏而死。剂型有粉剂和乳剂。其含量为 109 包涵体/毫升（克）。

2）微生物杀菌剂

①春雷霉素：是一类内吸作用的杀菌剂，具有预防和治疗作用，可防治炭疽病。主要为可湿性粉剂。

②井冈霉素：具有内吸作用，用于防治纹枯病和立枯病，主要有水剂、粉剂。

③多抗霉素：是一种广谱性抗生素，具有内吸传导作用。可用于防治白粉病、灰霉病和黑斑病等。主要为可湿性粉剂。

④抗霉菌素 120：是一种广谱性保护剂，可用于预防白粉病和锈病，剂型为水剂。

⑤内疗素：是一种内吸性的治疗剂，可防治黑斑病、腐烂病、溃疡病等。剂型有水剂、乳剂、粉剂、膏剂和油剂。

2. 按防治对象划分

按照防治对象，农药可分为杀虫剂和杀菌剂。

（1）杀虫剂

杀虫剂是一类用来防治农、林等害虫的药剂。这类药剂使用广泛，绝大多数杀虫剂只能用来防治害虫，不能用来防治病害。

1）杀虫剂按其成分和来源可分为：无机杀虫剂和有机杀虫剂。无机杀虫剂是一类无机物杀虫剂，如砷酸钙、砷酸铝、氟化钠等。有机杀虫剂是一类有机物杀虫剂，如鱼藤、除虫菊、有机氯类杀虫剂、有机磷类杀虫剂、拟除虫菊酯类杀虫剂等。

2）按杀虫剂对昆虫的毒性和作用方式分为：触杀剂、胃毒剂、熏蒸剂、内吸剂、拒食剂、忌避剂、引诱剂。

①触杀剂：这类杀虫剂只需触及昆虫体表或昆虫在喷洒有这类杀虫剂的植物表面爬行，

杀虫剂就可通过昆虫的体壁进入虫体而毒杀昆虫。主要作用于昆虫的神经系统。如辛硫磷、氰戊菊酯等。

②胃毒剂：这类杀虫剂必须在害虫取食之后，才能通过肠壁进入血腔，发挥其毒力。例如，砷酸铅、砷酸钙等矿物杀虫剂。

③熏蒸剂：这类杀虫剂易于挥发，以气态分子充斥其作用空间，通过昆虫体壁及气孔等进入虫体而毒杀昆虫。在密闭的场合下易于最大限度地发挥其作用。如氯化苦、磷化铝、溴甲烷等。

④内吸剂：这类杀虫剂易于被植物组织吸收、传输，昆虫取食这些植物组织时摄入而中毒。如有机磷类的乐果、久效磷等。

⑤拒食剂、忌避剂、引诱剂：这几类农药的特点均是农药本身对昆虫并无太大的毒性，只是由于其化学特性使昆虫在其作用下拒绝取食，如拒食胺、三苯基醋酸锡等；或使昆虫因其被迫离开这一生境，如雷公藤根皮粉、香茅油等；或者昆虫被大量吸引前来，如舞毒蛾性诱剂、白杨透翅蛾性诱剂等。

（2）杀菌剂

杀菌剂是一类对植物病原真菌、细菌、病毒以及其他病原物具有杀死或抑制作用的药剂，凡用以预防或治疗植物病害的药剂均称为杀菌剂。

1）按杀菌剂的作用原理可分为：

①保护剂：在病原微生物接触植物，或者是已经接触但还未侵入植物体内之前，用药剂来处理植物或植物所处的环境，以保证寄主植物不受病原物的侵染和危害，如低度的石硫合剂，波尔多液，有机硫、磷、氯等均为保护剂。

②治疗剂：病原微生物已经侵入植物体内，但植物尚未发病（处于潜伏期）或植株已出现症状，此时用药剂来处理植物，可杀死或抑制病原微生物使植物不再受害，如苯莱特、甲基托布津、粉锈宁和多菌灵等属于治疗剂。

2）按杀菌剂的来源可分为：

①无机杀菌剂：利用天然矿物或无机物制成的杀菌剂，如无机硫杀菌剂（硫磺粉、石硫合剂等）、无机铜杀菌剂（硫酸铜、波尔多液、氧化亚铜）等。

②有机合成杀菌剂：人工合成的有机杀菌剂，该类杀菌剂种类很多，包括有机硫杀菌剂（如代森锌、代森铵、福美双、敌锈钠等）、有机铜杀菌剂（如环烷酸铜、三氯酸铜等）、有机磷杀菌剂（稻温净、乙磷铝等）、有机砷杀菌剂（如福美甲胂、退菌特等）。

③抗菌素：是一类通过微生物发酵得到的代谢产物，具有杀菌作用。该类药剂大多具有内吸性，选择性比较强，治疗作用大于保护作用，而且不污染环境，如放线菌铜、内疗素等。

④植物性杀菌剂：植物性杀菌剂是指高等植物体内固有的、对病原微生物具有毒杀作用的一类化学物质，如大蒜素、抗菌剂 401 等。

二、农药的剂型

目前使用的农药大多是有机合成农药，工厂生产的农药未经加工前均称为原药。固体的原药称为原粉；液体的原药称为原油。原药除了熏蒸剂及水溶性农药外，一般不宜直接使用，必须根据原药的性质、使用方式及防治对象等配用适当的助剂（如添充剂、湿展剂、乳化剂、增效剂、溶剂、分散剂、黏着剂、稳定剂、防解剂、发泡剂等），经过加工制成适宜的剂型（称为农药制剂），以增加其分散性，便于充分发挥其药效，同时也减少单位面积的用药量，降低防治费用，增加其对森林植物的安全性，才有使用价值。主要剂型有：粉剂、可湿性粉剂、乳油、粒剂四种。还有可溶性粉剂、胶悬剂、微胶囊剂、油剂、液剂、胶体剂、雾剂、烟剂、片剂、块剂等多种剂型。

1. 粉剂

毒剂的有效成分和填充料经过机械粉碎而制成粉末状机械混合物。粉剂一般含有0.5%～10%的有效成分。粉剂不易被水所湿润，不能分散和悬浮于水中，不能加水喷雾使用。低浓度的粉剂可供喷粉使用，高浓度的粉剂可供拌种、制作毒饵、毒谷和土壤处理用。

2. 可湿性粉剂

可湿性粉剂是由固体的原药、填料、湿润剂经机械粉碎加工成70微米以下的混合物。可湿性粉剂可被水湿润而悬浮于水中供喷雾使用。由于可湿性粉剂分散性能差，浓度高，易于产生药害，故不适于喷粉用。

3. 乳油

乳油是由原药、溶剂和乳化剂经过溶化、混合制成的透明单相油状液体制剂。乳油加水稀释可自行乳化，分散成不透明的乳液（乳剂），当乳剂被喷雾器喷出时，每个雾滴含有若干个小油珠，油珠微滴的直径为0.1～2.0微米时为半透明状乳液；直径为2.0～10.0微米时为白色乳液。小油珠落在植物或害虫表面时，水分蒸发，乳液因而被破坏，剩下来的小油珠随即在平面上展布，形成一个油膜，展布在较原来油珠直径大10～15倍的面积上发挥作用。乳油是农药制剂中的主要剂型之一，占有重要、稳定的地位。

4. 粒剂

粒剂是用农药原药、辅助剂和载体制成的粒状制剂。粒剂可分为遇水解体及遇水不解体两种。根据制成固体颗粒的大小可分为块粒剂、颗粒剂、微粒剂等。

5. 可溶性粉剂

可溶性粉剂是由农药、水溶性填料及少量吸收剂制成的水溶性粉状制剂。要加水后才能使用。这种制剂是高浓度可溶性粉剂或水溶性制剂，具有使用方便、分解损失小、包装和储运经济、安全，又无有机溶剂和表面活性剂对环境的污染。如敌百虫可溶性粉剂、乙酰甲胺磷可溶性粉剂。

6. 超低容量喷雾剂

超低容量喷雾剂是一类含农药有效成分20%～50%的油剂，不需要稀释而直接喷洒使用。国内常用的超低容量喷雾剂有敌敌畏、马拉硫磷、乐果、百菌清、辛硫磷等。

7. 烟剂

烟剂是用农药原药、燃料、氧化剂等配制而成的粉状制剂。点燃时药剂受热气化，在空气中凝结成固体微粒而起杀虫、杀菌和杀鼠作用。如敌敌畏插管烟剂、百菌清烟剂等。

三、药剂浓度的表示方法

1. 百分率表示法

在病虫害防治时，配制液剂或粉剂常用药剂有效成分的百分比来表示。百分比又可分为重量/重量；重量/容量；容量/容量百分比。固体之间或固体与液体之间常用重量百分比，液体之间常用容量百分比。

重量/重量百分比：表示每百份重量的农药或稀释液中含有药剂的重量。

重量/容量百分比：表示每百份容量的农药中含有药剂的重量。

容量/容量百分比：指的是在百份容量的农药中含有药剂的容量。

2. 稀释倍数表示法

药液或药粉中稀释剂的量为原药量的很多倍。因此，倍数法一般不能直接反映出农药有效成分的稀释倍数，倍数法如不注明按容量稀释，都是按重量计算的。稀释倍数越大，按容量计算与按重量计算的误差越小。在实际应用中根据稀释倍数的大小分为：

内比法：用于稀释 100 倍或 100 倍以下的方法，计算时要求扣除原药剂所占的一份。

外比法：用于稀释 100 倍以上药液的方法，在计算时不用扣除原药所占的一份。

3. ppm 表示法

ppm 是表示百万分之一（微克/毫升；毫克/升；克/立方米）浓度，多用于液体药剂，是一种表示微量浓度的方法。其含义是指在 100 万份药液中所含有效成分的重量，即 100 万份药液中含有原药的份数。

4. 重量、 容量单位表示法

用重量或容量单位来直接表示药剂的浓度如：毫克/千克（mg/kg）；克/升（g/L）；毫升/升（mL/L）；微克/克（μg/g）；微克/毫升（μg/mL）。

5. 普通比重和波美比重表示法

用比重表示浓度一般多用于溶质的多少与比重的大小有关的药剂，其换算关系如下：普通比重=145/(145−波美度)。

6. 浓度表示法之间的换算

百分浓度与百万分浓度之间的换算：百万分浓度（ppm）=10 000 ×百分浓度；百分浓度（%）=（原药剂浓度/稀释倍数）×100%。

四、农药的使用

1. 农药的使用原则

农药是保护森林的重要武器，在和森林病、虫、鼠害斗争的过程中，只有切实做到正确、合理地使用农药，才能达到经济、安全、有效的目的，要达到正确、合理地使用农药，应着重考虑以下几个问题。

（1）对症用药

各种农药都不是万能的，都有其一定的使用范围和防治对象，即使是广谱性的农药也不是对任何病虫害防治都有效。在决定施药前要弄清防治对象的特点，选择适宜的药剂，同时确定适宜的有效使用浓度、用量和施药次数，注意改进施药技术，提高使用农药的功效。

（2）适时施药

在预测预报和调查研究的基础上，确切了解病虫害发生发展的动态，抓住薄弱环节，掌握病虫害防治的关键时机（最佳防治时间）做到治早治小，才能达到理想的效果。一般的害虫在幼龄时抗药性较差，而且刚刚从卵里孵化出来，往往有群集性，抓住这个有利时机使用较低浓度的药剂就能收到良好的效果。适时施药也要考虑当时的气候、树种、品种间的差异以及林木不同发育阶段对农药的敏感性，以免发生药害。

（3）交替用药

长期使用一种农药防治一种害虫或病害，容易使害虫或病原菌产生抗药性，从而降低了防治效果。轮换使用几种不同类型的农药是防止害虫和病原菌产生抗性的有效措施之一。

（4）混合用药

将两种或两种以上的具有不同生理作用的农药混合使用，可以兼治几种害虫或病害，这是扩大防治对象、提高药效、降低毒性、抓住有利时机、节省财力物力的有效措施。但在混合使用时要特别注意农药的化学特性和增效作用，酸性农药切不能和碱性农药混用，有些中性农药遇酸或碱分解失效的也不能和酸性、碱性农药混用。

（5）安全用药

为了避免农药使人、畜中毒、环境污染和林木的药害，各种农药，尤其是剧毒农药在生产、运输、储存和使用过程中，都必须严格遵守“剧毒农药安全使用注意事项”，了解剧毒农药的中毒症状及急救治疗方法，认真做好安全工作。

2. 农药的使用方法

利用化学农药防治森林病虫害，首先应该了解防治对象的发生规律，把握有利时机进行防治，然后就是选择适当的药剂和药械，应用正确的方法进行施药。不同的农药剂型有其不同的使用方法，各种使用方法又有其各自的特点，下面简单介绍一些林业上常用的施药方法。

（1）喷粉法

喷粉法是将粉末状化学农药用喷粉机具喷撒的方法。喷粉是施用化学农药最简单的方法，最适于干旱、交通不便和水源缺乏的山区、林区。关于喷粉技术，不论用哪种机具和方式进行喷撒，都要求均匀周到，以使带病虫的植物体表面均匀地覆盖一层极薄的药粉。可用手指按叶片来检查，如看到只有一点药粒在手指上即为比较合适。如看到植物叶面发白说明药量过多，不仅造成浪费，还易引起药害。喷粉的时间一般以早晨和晚间有露水时效果较好，因为药粉可以更好地黏附于植物上。喷粉应在无风、无上升气流时实施，喷粉后一天内遇雨，最好重喷。喷粉人员应该在上风头顺风喷（1～2 级风速下可以喷粉），不要逆风喷。

影响喷粉质量和防治效果的因素主要有粉剂的质量、喷粉机具的性能、喷粉技术和气候条件。喷粉法较常量喷雾法工效高、不受水源限制，对作物比较安全。但由于粉剂的沉降率仅为 20%左右，喷粉法飘移性强，造成药粉的浪费，污染环境严重。

（2）喷雾法

喷雾法是药物在使用时以液态或与一种液态介质相混合用喷雾机具喷雾施用的施药方法。根据单位面积施药量的多少，划分为 4 个容量级别，如表 1—4 所示。超低容量喷雾采用离心旋转式喷头，低容量喷雾用的农药剂型与常规喷雾用的剂型相同，只是兑水要少得多，药液浓度高，喷量小，比大容量喷雾节省用药 20%～30%，而药效不减。超低容量喷雾的优点是工效高、省药、防治费用低，不用水或只用少量水，缺点是受风力影响大，对农药剂量有一定要求。

表 1—4　　我国农药喷雾法划分的容量级别

容量级别	喷撒药液量 升/公顷	药液有效成 分含量%	雾滴直径 微米	施药方式	农药利用率 %
大容量	>150	0.01～0.05	250	飘移累积性	30～40
小容量	15～150	1～5	100～250	飘移累积性	60～70
低容量	5～15	5～10	15～75	飘移累积性	60～70
超低容量	<5	25～50	15～75	飘移累积性	60～70

根据喷雾方式可将喷雾法大致分为针对性喷雾和飘移性喷雾两种，前者是指作业时将喷头直接指向喷施对象，后者是指喷头不直接指向喷施对象，喷出的药液靠自然风力飘移，依靠自身重力沉降累积到喷施对象上。

喷雾的技术要求是使药液雾滴均匀覆盖在带病虫的植物体的表面或害虫体上，对常规喷雾一般应使叶面充分湿润，以不使药剂从叶上流下为宜。但对于半钻蛀性或卷叶危害的害虫则应喷得湿透效果才好。对于在叶背面危害的害虫还应注意叶背喷药。喷雾时间要选择 1～2 级风或无风晴天，中午不宜作业。

（3）烟雾法

烟雾法是防治森林病虫害的主要手段之一，非常适用于树高、林密、交通不便、水源缺乏的林区。由于药剂转变成烟以后，颗粒变得非常小，能够到达茂密的树冠、叶子的正反面、树皮缝隙等处，大大提高了防治病虫害的效果。施放烟剂的效果常常受到气象、地形等条件的限制。气象条件中以气温逆增和风速为主。气温逆增是上层的气温高于下层气温，到一定高度以上气温又开始降低，这时放烟，烟在上升过程中遇冷，一般到最高点以下时就不再继续上升而呈低垂状态，可收到良好的防治效果。一般在早晨或晚间容易出现这种逆增现象。

放烟的气象条件关键是“逆温层”现象出现和风速稳定在0.3～1米/秒。白天，由于受太阳辐射的影响，地面温度高于空中温度，气流直线上升，此时放烟，烟雾直向上空中逸散，病菌、害虫和林木受烟时间很短，达不到防治目的。夜间，气流比较稳定，但天黑、山高、坡陡，也不宜放烟。日落后和日出前，林冠上的气温往往比林内略高，到一定高度气温又降低，产生“气温差逆增”现象，林内气流相对稳定，此时放烟，烟雾可较长时间停留在林内，或沿山坡、山谷随气流缓缓流动。烟雾在林内停留时间越长，杀虫灭菌的效果越好。一般只要烟雾在林内停留20分钟以上，就可收到较好的防治效果。风速超过1.5米/秒时，应停止放烟，以免烟雾被风吹散。雨天也应停止放烟，这时放烟不易引燃，附着在林木上的烟剂颗粒也易被雨水冲掉，将降低防治效果。

在林区山地释放烟雾剂一般风向容易掌握，主要利用两种风：山风和谷风。所以，山地释放烟雾剂的时间要在傍晚和清晨日出前。傍晚释放烟雾剂，发烟线应布置在山上，但不能布置在山脊上，因为山脊是受常风控制的，应在距离山脊以下5米左右的坡上设置。这条发烟线一般不受常风控制，而在山风控制之下，释放后烟云会沿坡下滑。清晨释放烟雾剂，发烟线应紧靠山脚设置，利用谷风使烟云沿坡向山上爬。不管何时释放烟雾剂，确定好放烟线后在放烟线上每隔5～7米设一发烟点，如果坡长未超过300米，则可不设补助发烟点；坡长超过300米时，可在300米处适当增设补助发烟线，补助发烟线各发烟点之间的距离根据具体情况可适当加宽。

在郁闭的森林、果园和仓库，可用烟雾机喷烟，使油烟剂转化为气溶胶，滞留于空间，且具有一定的方向性和穿透性，能均匀沉积在靶标上，可保证药效的正常发挥。

（4）树干打孔注药法

打孔注药法是利用树干注药机具在树干上形成注药孔，通过药液本身重力或机具产生的压力将所需药液导入树干特定部位再传至内部器官而达到防治有害生物和树木缺素症的一种施药方法。这种方法具有效果好、药效长、不污染环境、不受环境条件限制等优点，适用于珍稀树种和零星树木的病虫害防治。但该法在短时间控制大面积病虫害比较困难，若药剂使用不当易对树木造成药害。

目前，打孔注药的方法大致有3种：第一种是创孔无压导入法，即先用打孔注药机具在树干上钻、凿、剥、刮出创伤或孔，然后向创孔内涂、灌、塞入药剂或药剂的载体。第二种是低压低浓度高容量注射法，可用输液瓶挂于树上，药液凭重力徐徐注入树体内，或使用兽用注射器将配好的药液灌注到树木的木质部与韧皮部之间。第三种是高浓度低容量高压注射法，使用手压树干注射器，靠压力将高浓度的药液注入树干，一般平均1厘米胸径用药液

0.5～1 毫升。

打孔注药法的时间应在树液流动期，防治食叶害虫应在其孵化初期注药；蚜、螨等在大发生前注药；蛀干天牛类在幼虫 1～3 龄和成虫羽化期注药；果树至少在采摘前 2 个月内不得注药。农药要选内吸剂（如吡虫啉、印楝素等），以水剂最佳，原药次之，乳油必须是选合格产品。配制时宜用冷开水，药液配制有效成分含量应在 15%～20%，对于树干部病虫害严重地区药液中应加杀菌剂，以防伤口被病菌感染。注射位置在树木胸高以下，用材林尽量在伐根附近。注药孔大小在 5～8 毫米；胸径小于 10 厘米者打 1 个孔，11～25 厘米者对面 2 个孔，26～40 厘米者等分 3 个孔，40 厘米以上等分 4 个孔以上；最适孔深是针头出药孔位于二三年生新生木质部处。注药量一般按每 10 厘米胸径用 100%原药 1～3 毫升（稀释液为每厘米胸径 1～3 毫升）标准，按所配药液有效成分含量和计划注药孔数计算确定每孔注药量。

（5）涂抹法

涂抹法是用涂抹机具将药液涂抹在植株某一部位的一种局部直接施药的方法，以涂抹树干为最常用，用以防治病害、刺吸式口器害虫、螨类等。涂抹机具有手持式涂抹器、毛刷、排刷、棉球等。涂抹作业时间应在树木生长季节为宜。涂抹法无飘移，药剂利用率高，不污染环境，对有益生物伤害小，但是操作费事，直接施用高浓度高剂量药剂还要注意药害问题。

（6）熏蒸法

利用能在一般温度下可以气化的药剂，蒸发成气体以毒杀害虫或病原菌，称为熏蒸法。使用溴甲烷（30～40 克/立方米）、磷化铝（10 克/立方米）熏蒸 3 天防原木天牛、小蠹虫等均可获得较好的杀虫效果。熏蒸法常用于防治危害仓库中储藏的农林产品的害虫、害螨、鼠或病原菌，因为仓库里的有害动物或病虫多隐藏在不易发现和无法接触的地方，使用一般药剂难以收到好的效果，只有熏蒸药剂的气体才能渗入，起到毒杀作用。但此法需要有封闭的条件，使用时也要特别注意安全。

（7）拌种

将药粉或药液与种子按一定重量比例放在拌种器内混合拌匀的方法称为拌种法。拌种可以防治地下害虫和由种子传播的病害。按农药的形态和用药量可分为干拌种（农药为粉剂）、湿拌种（农药为液体或先用水把种子弄湿，然后拌粉剂农药）、闷种（用较大量的液体药剂闷种 24 小时，阴干后播种）。拌种用的药量应根据药剂的种类、种子种类及防治对象而定。

（8）土壤处理法

根据需要将农药施在土壤的不同深度或范围内防治有害生物的方法称为土壤处理法。该法持效期长、不飘移，适于防治生存在土壤中的有害生物。

（9）毒饵法

将农药与饵料及其他添加剂混匀制成毒饵，撒在有害生物经常活动的地方，使其食入中毒而死。此法用以防治地下害虫和害鼠。

（10）种苗浸渍法

用稀释一定的药浸渍种子或苗木，过一定时间后再取出来，以消灭其中的病虫害，或使它们吸收一定量的有效药剂，在出苗后达到防治的目的。一般浸种后的种子需要清水洗净后再催芽或晾干后播种，此法对侵入种苗内部的病虫害防治效果较好。浸渍种苗的防治效果与药剂浓度、温度、浸渍时间等密切相关。应根据种子的种类和防治对象来选择所用药剂、浓度和处理时间。

（11）毒环法

将毒剂配制成油剂或毒胶，涂抹在树干周围，使地面上的害虫向树干爬行时接触毒剂而致死。该法适用于以幼虫在地下越冬的害虫种类。如落叶松毛虫即可在上树前用该法防治。

五、害虫的抗药性及克服方法

1. 害虫的抗药性

害虫的抗药性是指害虫对农药具有忍耐杀死其正常种群大多数个体药量的能力和能遗传给后代。害虫抗药性是通过比较抗性品系的半数致死浓度（致死中量）的倍数来确定的。对农林害虫来说，如果该倍数提高 5 倍以上，就可以说害虫产生了抗药性。倍数越大抗药性也越强。

害虫抗药性主要由于在同一地区连续使用同一种药剂而引起昆虫对药剂抵抗力的提高，从而形成了抗药性。一种害虫对某种药剂产生了抗药性，对另外未使用过的药剂也会产生抗药性的情况称为交互抗药性；昆虫对一种杀虫剂产生抗性后，反而对另一种杀虫剂表现得特别敏感，称为负交互抗性。一种害虫对某种杀虫剂产生抗性后，测定其抗性谱，以便选用无交互作用的农药品种取代原来的品种，这在化学防治中具有重要意义。

并不是每种害虫对各种药剂都能产生交互抗性，只是作用机制相似或接近的药剂才容易产生交互抗药性。不同类型的药剂，由于对昆虫毒杀机制不同，不易产生交互抗药性。

2. 害虫抗药性的形成

昆虫抗药性的形成有两种学说：即前适应学说和后适应学说。前适应学说认为生物体内早就有抗药基因，从敏感品系到抗性品系，只是对药剂选择作用或称淘汰作用的结果，即药剂的选择压或淘汰压使昆虫种群产生了抗性品系。后适应学说认为生物体内不存在抗性基因，而是在药剂诱发下产生了基因突变，经过药剂选择逐渐提高了对药剂的抵抗力，使昆虫种群产生了抗性。一般认为抗药性的起因和发展是选择作用的结果。昆虫种群中本来就有一部分具有抗性基因的个体，通过对药剂的选择，抗性强的个体保留下来，抗性弱的个体被淘汰。抵抗力强的个体经过多次生存繁殖重复使群体提高了抗药性，最后形成抗药性品系。

3. 昆虫抗药性的预防、推迟和克服

昆虫的抗药性已经成为防治中的一个严重问题。由于害虫出现抗药性，在防治时需要增加用药量、施药次数和药剂浓度，降低了防治效果。所以，在化学防治时要采取积极的措

施，预防、推迟和克服害虫的抗药性。

第一，贯彻综合防治的原则。加强预测预报，把林业技术、化学防治、生物防治和物理机械防治等有机结合起来，把害虫持久地控制在经济允许水平以下。

第二，合理混用农药。把作用机制不同的农药进行合理混用，是克服抗药性的重要方法之一，不仅可以克服和延缓害虫的抗药性，还能起到兼治病虫害、增强药效，减少用药量和降低成本的作用。

第三，合理轮换和交替使用农药。合理轮换和交替使用农药，能推迟和克服害虫抗药性。但必须考虑害虫的交互抗药性和多抗性，要选择没有交互抗性的药剂进行轮换和交替使用。

第四，改用无交互抗性的农药。以往产生抗药性严重的地区，多是单独长期连续使用一种或有交互抗性的农药引起的。因此，改用无交互抗性的药剂，特别是负交互抗性的药剂是目前克服抗药性的有效方法之一。

第五，增效剂的应用。增效剂是能抑制促使杀虫剂分解酶系的化合物，从而增加杀虫剂的生物活性，提高防治效果。

【思考与练习】

1. 农药的使用剂量都是怎样表示的？
2. 粉剂、可湿性粉剂和可溶性粉剂有什么区别？
3. 分别简述喷粉法和喷雾法的优缺点及技术要求？
4. 简述超低容量喷雾的概念、优缺点及采用的喷头和农药的剂型。
5. 打孔注药法有哪些优缺点，有几种方法，使用方法和技术要求有哪些？
6. 如何浸种、拌种和闷种？

第二章　森林病害防治技术

学习目标：

◆了解林木病原真菌的主要形态特性及生活史

◆理解林木病害化学防治原理，林木病害发生过程、侵染循环和流行条件

◆熟悉细菌、病毒、类菌原体、线虫的一般性状和发病特点，熟悉常用杀菌剂的使用

◆会鉴别各亚门病原真菌

第一节　森林病害防治基础

掌握林木病害的症状类型、病原类型、发病规律以及化学防治的基本方法，是进行森林病害防治的基础。

一、林木病害症状的概念

林木病害症状有以下几种基本概念：

病状：林木发病后本身所表现出来的反常状态。如：花叶、黄化、肿瘤、丛枝等。

病症：林木发病后，病原物表现在病部的特征。如白粉、锈粉、煤污、毛状物、伞状物、点状物、煤层等。

症状：是病状和病症的综合表现，即林木发病后所表现的病态特征。

二、常见林木病害的症状类型

1. 林木病害的病状类型

无病症或病症不明显。主要有以下几种：

（1）花叶、黄化

花叶是通常全株性发病的（多为系统性病害）局部表现，叶片颜色深浅不均匀，浓绿与

浅绿部分相间夹杂，大多由病毒、类菌原体和生理因素引起。黄化是整个叶片或叶片的一部分均匀地变成黄色，多由缺素或病毒等引起。

（2）肿瘤

肿瘤是枝干、根部和叶上形成局部性肿胀或成瘤状突起，瘤多近圆形，有时呈梭状。瘤的体积可从几毫米到一米以上。一般由细菌、线虫和个别真菌引起。

（3）丛枝

丛枝表现为枝条的节间缩短，叶片变小，枝叶簇生呈扫帚状。多由类菌原体或真菌引起。

（4）萎蔫

萎蔫是根、茎维管束组织受到破坏而发生的植物失水凋萎的现象。一般由真菌、细菌或生理原因引起。

（5）小叶

小叶是指叶片变小。一般由缺素症、真菌、病毒或螨类引起。

（6）流胶、流脂

流胶、流脂是指植株病部有胶质或松脂自树皮渗出。一般由真菌、细菌或非生物病原引起。

2. 林木病害的病症类型

植株发病初期就表现病症，病状不明显或被覆盖。病症主要有以下几种：

（1）粉状物（白粉、锈病）

1）白粉：病菌覆盖植物叶片、嫩枝、幼果的表面，其上出现很薄的白色或灰白色粉层，后期白粉层上出现散生的针头大的黑色或黄色颗粒。

2）锈病：发生于枝、干、叶、果等地上部分。病部出现锈黄色的粉状物，或内含黄粉的泡状物和毛状物。病部大多形成斑块或瘤肿。

（2）霉状物（煤污、霉层）

1）煤污：多发生于叶、果和小枝。病部为一层煤烟状物严密覆盖，煤状物很容易擦去。

2）霉层：多发生在储藏中的种子和果实上。种实表面出现绿色、黑色、粉色或灰色的霉状物。

（3）点状物、粒状物

点状物和粒状物是指病原真菌在病部产生的黑色小点，多为真菌的繁殖体。

（4）绳索状物、膜状物

林木感病部位产生紫色或灰色的膏状物，即菌膜。另外，有的在病部产生线状物，即菌索。

（5）菌脓

在林木病部溢出含细菌的脓状黏液，称菌脓，干后结成菌膜或小块物。

3. 病症和病状均明显的症状类型

此类型多为发病初、中期以病状为主，中、后期在其病状部出现病症，主要有以下几种：

（1）斑点或叶斑

斑点或叶斑是最常见的一类病害。该类病多发生于叶和果实上，病部通常变色，形状近圆形、多角形或不规则形的坏死斑。

根据病斑形状和颜色的不同，这一类病害又分成角斑、圆斑、褐斑、漆斑、黑斑、轮斑等病名。后期病部组织坏死，斑点常出现绒状霉层、黑色小粒点或黏稠状等病症。

（2）腐烂

腐烂是病原物分泌酶把植物细胞内的物质溶解，组织软化解体，流出汁液。腐烂组织常有各种气味。

（3）溃疡

溃疡表现为在枝干的皮层上韧皮部坏死、凹陷，病部周围稍隆起并木栓化，中央的组织坏死并干裂。多数后期病部出现病症，往往为黑色小点或小的盘状物。多为真菌或细菌引起。

（4）炭疽

炭疽的症状与斑点病相似。主要发生在叶片和果实上，坏死病斑上常有轮纹状排列的黑色炭质小点。

三、林木的非侵染性病原

非侵染性病原包括不适宜林木生长的水分、温度、光照、营养物质、有毒物质等。

1. 非侵染性病害发生的原因和病症

（1）温度过高过低

1）高温灼伤：主要发生在幼嫩枝干、幼苗、果实，如幼苗猝倒病、苹果日灼病。间接作用结果，由于高温灼伤的伤口出现，导致病菌侵入，常诱发侵染性病害，如银杏茎腐病。

2）低温冻害：早春的叶、花、果，以及幼苗、秋梢抽干。

3）温差过大：如毛白杨破腹病。

（2）水分过多或过少

1）干旱：植物萎蔫、干枯，易诱发病虫害。

2）涝灾：烂根、整株落叶、枯死。

3）干湿不均：裂果，诱发干腐病。

（3）营养失调

1）缺素症。包括缺大量元素 N、P、K 和缺微量元素 Ca、Mg、Fe、S、Zn、B、Cu 等。

2）营养元素过多及比例失调。N 肥过剩，诱发侵染性病害；果园 Mn 过量，导致果实粗皮病；比例失调，导致土壤污染，理化性状不良。

3）缺素症的原因。土壤缺乏元素；土壤理化性质不良；植物某一生长阶段相对缺乏；整体产量高，复种指数大。

（4）有毒物质

1）空气污染：酸雨、SO_2、CO_2、CO、H_2S、Cl_2、O_3、HF。

2）土壤污染：污水、过量肥、药残留物、pH 值过高或过低。

3）肥害、药害、除草剂害。

（5）光照过强或不足。光照过强，如套袋导致的日灼；光照过弱（不足），如反季节育苗。

2. 非侵染性病害发生的特点

（1）在时间上。暴发性，短时间大面积发生，往往与气候骤变或长期营养不良、近期农事管理（移植、施肥）有关。

（2）在林间分布上。成片状，往往与地形、地势、特殊地理及管理区有关。

（3）在症状上。无病症，无传染趋势。症状多发生在叶缘、叶尖、叶脉间，在整株上分布呈现规律性、方向性。

3. 非侵染性病害的诊断和防治

（1）诊断。现场调查诊断；症状诊断；化学诊断；防治诊断；人工诱发试验。

（2）防治。适地适树；合理肥水；消除病因、化学补救。

四、林木侵染性病原

1. 林木病原真菌及所致病害

真菌在自然界分布很广，空气、水、土壤中都有存在。有些真菌对人类是有益的，有些是有害的。林业上，大约有 80%以上的林木病害是由真菌引起的。

真菌具有细胞壁和真正细胞核，没有叶绿素，一般都能进行有性或无性繁殖，产生孢子；它们的营养体通常是丝状且具分枝的结构，细胞壁的主要成分为几丁质或纤维素，是依靠营养菌丝进行营养吸收的异养生物。

（1）林木病原真菌主要类群及所致病害

真菌的分类系统，根据无性繁殖和有性繁殖的孢子类型将真菌分为五个亚门：鞭毛菌亚门（*Mastigomycotina*）、接合菌亚门（*Zygomycotina*）、子囊菌亚门（*Ascomycotina*）、担子菌亚门（*Basidiomycotina*）、半知菌亚门（*Deuteromycotina*）。真菌 5 个亚门的主要特征如表 2—1 所示。

（2）真菌的生理特性

真菌没有叶绿素，不能进行光合作用，是异养生物，必须从其他有机体吸收其所需要的现成营养物质。

表 2—1　　　　真菌 5 个亚门的主要特征

亚门	营养体	无性繁殖	有性生殖
鞭毛菌	原质团或没有隔膜的菌丝体	游动孢子	休眠孢子囊或卵孢子
接合菌	菌丝体，典型的没有隔膜	孢囊孢子	接合孢子
子囊菌	有隔膜的菌丝体，少数是单细胞	分生孢子等	子囊孢子
担子菌	有隔膜的菌丝体	不发达	担孢子
半知菌	有隔膜的菌丝体或单细胞	分生孢子等	没有有性生殖，但可能进行准性生殖

（3）真菌性病害的特点

1）真菌性病害的症状特点。由真菌引起的林木病害，在林木发病部位不仅表现病状，而且在一定时期往往能观察到明显的病原真菌的特征，即产生各种类型的病症，如霉状物、粉状物、粒状物和大型的子实体等。但是，应当注意的是不要轻易地把被害部位上出现的真菌都当作是必然的病原菌。特别是老旧的病部，不管是真菌病害、细菌病害或生理性病害都往往被一些腐生性的真菌所污染。在这种情况下，病部所出现的真菌不是生病的原因，而是生病后组织死亡所导致的结果。

2）真菌性病害的传播特点。真菌能产生大量孢子借风力传播。因此在孢子的飞散时期，掌握孢子的传播规律，对于病害的预测预报有实际意义。

3）真菌性病害的侵染特点。因为植物病原真菌是靠菌丝（或吸器）来吸取植物营养的，病原真菌除从寄主植物的伤口或自然孔口侵入外，还能借助于其分泌酶的作用和菌丝生长的力量直接侵入寄主。

4）侵入的环境条件。一般真菌对湿度的要求比较强烈，不论是孢子的萌发、菌丝的扩展，或者是孢子的形成，都需要有足够的水分。

（4）真菌性病害的防治

选育抗病树种；加强经营管理；促进林木生长；改善林内卫生状况；积极消灭病原等。

2. 林木病原细菌及所致病害

植物的细菌病害是很普遍的，主要见于被子植物上，松柏等裸子植物上较少发现。目前已知的植物病原细菌有 200 余种，在我国已发现的有 40 余种。主要有青枯病、溃疡病、根癌病、斑点、穿孔等症状，如杉木细菌性叶枯病、核桃黑斑病、桃细菌性穿孔病等。

（1）病原细菌的性状

植物病原细菌都是杆状的，绝大多数有鞭毛，可以运动。鞭毛数目最少是 1 根，一般是 3～7 根，也有更多一些或没有鞭毛的。大多数为端生鞭毛（极鞭），少数为周生鞭毛。

（2）常见细菌各属及所致病害

野杆菌属：主要引起木本植物肿瘤症状，如杨根癌病等；欧氏杆菌属：引起植物病害类型以软腐为主，少数为枝枯、萎蔫等症状，如梨火疫病；假单胞杆菌属：主要引起叶斑、枝枯、萎蔫等症状，如杉木细菌性叶枯病、油橄榄肿瘤病和木麻黄青枯病等；黄单胞杆菌属：本属细菌大都是植物病原菌，主要引起叶斑、叶枯，少数引起萎蔫和腐烂。

（3）细菌病害的特点

主要症状有斑点、溃疡、萎蔫、疮痂、穿孔、肿瘤、软腐、变色、黄化等；受害组织表面常呈水渍状或油渍状；腐烂型病部有硫化氢的臭气是细菌病害与真菌病害明显的区别；叶斑型常常表面坏死部透明或半透明，病斑周围有黄、紫色晕圈或病斑出现穿孔、疮痂；唯一病症是在潮湿的条件下病部有黄褐色或乳白色黏稠似水珠状的菌脓。

（4）细菌病害的诊断

首先进行症状观察与诊断，以及细菌溢脓观察与诊断。在此基础上根据植物感染细菌后在受害部分的薄壁细胞或维管束组织中由于有大量病菌存在，所以切取小块病组织在显微镜下检查，便可见到有细菌从组织中流出。这是诊断细菌性病害简单而可靠的方法。

（5）细菌病害的侵染循环特点

在自然条件下，细菌的传播主要依靠雨滴的溅洒作用，少数主要靠昆虫传播。带菌的种苗是植物细菌病害侵染的重要来源。植物病死后的残体也是侵染来源之一。以土壤为越冬场所，成为次年侵染来源的细菌为数不多，都是些腐生性强的种类。

（6）细菌病害的防治

细菌病害的防治应着重消除侵染来源。做好种苗消毒和清除植物病死残体，是防治的重要环节。目前所使用的化学农药很少对细菌病害有效。抗菌素可收到很好的效果。各种病原细菌都可以从伤口侵入，特别是有些细菌非从伤口侵入不可，所以防止造成伤口和及时保护伤口，在防治上是非常必要的。

3. 林木病原病毒及所致病害

在种子植物中，病毒绝大多数发现于被子植物。农作物中，几乎没有一种幸免于病毒的侵害，有的甚至可能受到几十种病毒的侵染。木本植物上所发现的病毒病害要比农作物少得多。受害的主要是阔叶树种。

（1）病毒的一般性状

病毒是一种非细胞形态专性寄生物（在细胞内），体积比细菌小得多，其大小一般为10～30纳米，为普通光学显微镜所不见。其核酸基因组分子量小于3×106道尔顿。

（2）病毒病的症状特点

病毒病绝大多数是系统性侵染的，症状以叶部和嫩枝表现得最为明显，有时也表现在果实上。症状上的另一重要特点，是各种病毒病都不出现任何病症。这一点也有助于把病毒病与其他侵染性病害区分开来。病毒病在症状上常易与生理性病害，特别是缺素症、环境污染所致病害相混淆。

病毒病的症状主要有下列几种类型：

1）叶片变色：各种病毒病几乎或早或晚都要在叶部表现出来。叶色斑驳不匀，即所谓花叶是最普遍的一种症状。

2）畸形：许多病毒病除花叶外，往往伴随有卷叶、缩叶、裂叶、小叶或线叶等症状出现。病害严重时，果实也常出现皱缩、变小等现象。

3）生长停滞：受病毒侵染的植物有的表现为植株矮小。开花，结果减少，甚至不开花结果。

（3）病毒病的诊断

电子显微镜的使用对病毒的研究起了巨大的推动作用。最简便的方法是通过田间调查、症状观察进行初步诊断，并进一步用人工诱发试验来确定它是否有传染性。要鉴定病毒的种类，还需在上述工作的基础上，测定病毒的传染方式，寄主范围，以及其他一些生物数据，有些病毒可利用血清反应来鉴定。

（4）病毒病的侵染循环

病毒侵入植物时，必须要求有一个轻微的伤口。在自然界，这种轻微的伤口主要来自病、健植物互相接触时的擦伤，或昆虫特别是具有刺吸式口器昆虫的刺伤。病毒的传播是依靠昆虫为媒介，如蚜虫，叶跳蝉等，也可以通过病、健植物的接触摩擦而传播。嫁接、插条和根蘖繁殖等也是传播和接种病毒的重要方式。

（5）病毒病害的防治

严格挑选无病的繁殖材料。特别要注意挑选无病的植株作为采穗，采条及分根的母树、作砧木的植株也要同样慎重挑选。带有病毒的繁殖材料用高温消毒的方法可以获得一定的效果。防除传毒的昆虫。选育抗病品种。

4. 林木类菌原体及其所致病害

类菌原体可引起严重的林木病害，如泡桐丛枝病、榆韧皮坏死、枣疯病、檀香木丛生病等，均可造成重大经济损失。

（1）形态特征

类菌原体没有细胞壁，但有三层的膜。由于它不具细胞壁，形态往往多样，类菌原体大多呈圆形或椭圆形，也有呈纤维状或杆状的。

（2）性状特点

类菌原体与病毒的另一重要差别是可以在活体外的人工培养基上培养，以及对四环素类抗菌素有特殊的敏感性。在大型的类菌原体中，有时还可看到芽生和二分裂的增殖现象。它们寄生在植物韧皮部的筛管和管胞细胞内，偶尔也在韧皮部的薄壁细胞中发现。

（3）传播方式

植物上的类菌原体在自然界主要是通过叶蝉、蝽类传播、接种，少数可通过木虱和菟丝子等传播、接种。类菌原体像病毒一样可以在传带昆虫体内增殖。嫁接也是传播和接种类菌原体的有效方法。但就目前所知，类菌原体很难通过植物汁液来传染。在木本植物上，从类菌原体接种到发病所经历的时期一般较长，如枣疯病约需一个月，有时长达一年以上。

（4）症状特点

类菌原体引起的植物病害，大多表现为黄化、丛枝和萎缩现象。丛枝上的叶片常表现出失绿、变小、发脆等特征；花有时变为叶；后期果实往往变形。有的植物感病后节间缩短、叶片皱缩，表现萎缩症状。

（5）防治方法

类菌原体对四环素类抗生素药物非常敏感，使用这类药物可以有效地抑制病害的发展；防治传播昆虫；修剪；温水处理。

五、林木病害的发生规律

1. 林木病害的发生过程

病原物与寄主植物接触，接着侵入寄主体内扩展和繁殖，对寄主进行破坏，然后寄主出现病害症状，这个过程称植物病害侵染过程，简称植物病程。可分为接触期、侵入期、潜育期和发病期 4 个阶段。实际上林木病害的发生是一个连续的侵染过程。

（1）接触期

病原物从潜伏场所传播到寄主上称接触期。病原物达到一定数量时，植物才发生感染。

（2）侵入期

从病原物与寄主接触，到建立寄生关系，称侵入期。所有植物病害的病原物几乎都是内寄生，只有少数如烟煤菌等是外寄生。

细菌侵入途径，可通过植物表面水滴或水膜，从伤口或自然孔口侵入。病毒和植原体只能从伤口侵入。真菌常以孢子萌发时形成的侵染丝产生极大的机械压力，穿透植物角质层，再产生分解细胞壁的酶而进入细胞；也有的以侵染丝从植物的自然孔口和伤口侵入；还有的只能以芽管或菌丝从伤口和自然孔口侵入。线虫和寄生种子植物可直接穿透植物表皮和角质层而侵入。

病原物的侵入与环境条件和寄主本身特性都有关，其中环境条件主要是温度和湿度。各类和各种病原物对温度和湿度的要求不同，在一定温度和湿度的条件下，其侵入的情况也不同。如大部分真菌孢子在水滴中萌发最好，而白粉菌的分生孢子可在湿度较低的条件下萌发，在水滴中反而萌发不好。细菌的侵入就必须以水滴作媒介。温度常影响孢子萌发和侵入的速度，但其影响次于湿度。寄主本身的特性主要是指植物对病原物的抵抗力。同一病原物对不同植物的侵入情况是很不相同的。

（3）潜育期

从病原物侵入和建立寄主关系到寄主呈现症状，称潜育期。这个时期，病原物在寄主体内扩展，或者产生酶或毒素，破坏寄主细胞，从而夺取水分和养料，或者吸收寄主活细胞和组织中溶解的营养，并不很快引起细胞死亡。同时寄主与病原物间进行激烈斗争。

潜育期长短不一，主要决定于病原物的性质和植物的抵抗力。

（4）发病期

潜育期之后，植物外部表现症状而发病叫做发病期。植物的症状是病害诊断的依据。

2. 植物病害的侵染循环

植物病害在一生长季节开始发病，到下一生长季节再度发病的过程称病害侵染循环。包括病原物的越冬、传播、初侵染和再侵染，以及病害流行。如图 2—1 所示。

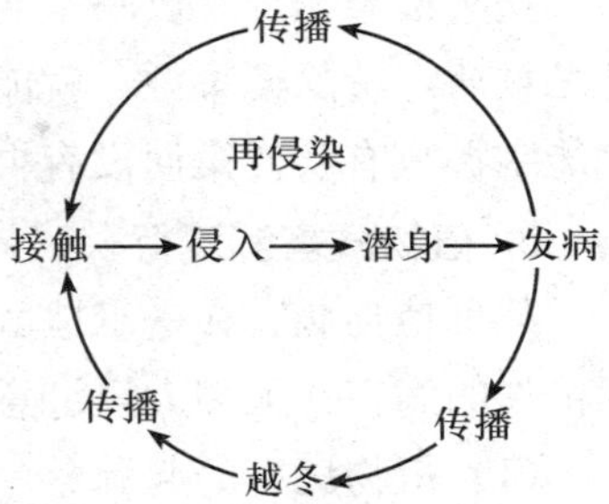

图 2—1　侵染循环模式图

（1）病原物的越冬

病原物经过侵染活动以后，由于寄主、环境条件等的变化，以有性或无性世代进入休眠期，即越冬来渡过恶劣气候等环境，其越冬场所，也就是初侵染来源，主要有如下方面：

1）土壤。病原物从病株上落到土壤表面，或者本来就在土壤中休眠，如藻状菌的卵孢子，黑粉菌的厚垣孢子、菌核等，或者在土壤中可进行腐生生活，如腐霉菌、丝核菌、镰刀菌、油橄榄青枯病细菌等。

2）病株和寄主残体。病原物在植株发病部位或残体上越冬，可成为不同时期的侵染来源，如油茶炭疽病菌、梨桧锈病菌，柑桔疮痂病菌等。

3）种苗。包括接穗、插条、种根、种子，可通过它们进行传播成为初侵染来源。

4）肥料。病株残体堆制的肥料和散落有病菌休眠孢子的肥料等，可进行传播。

（2）病原物的传播

病原物从感病植物体内或体外，传播到新的感病点的途径有：

1）主动传播，即通过本身活动的传播，但传播范围小。

2）风力传播，即以风将微小的孢子，或者带病的植物组织吹送到远地，如孢囊孢子、子囊孢子和分生孢子等。

3）水力传播，即以雨水和流水的飞溅和流动，将病原菌扩散开来，如游动孢子、分生孢子和细菌等。

4）动物传播，昆虫由于除传播病原体外，还创造伤口，有利病原物侵入，特别是传播病毒最有效，寄生种子植物主要靠鸟类传播。

5）人为活动传播，即人们在幼苗、农林产品调运过程中，因检疫不严或未进行检疫进行的传播。

（3）初侵染和再侵染

越冬的病原物，对经过休眠进入生长季节的植物，引起第一次的侵染称初侵染，初侵染只有一次病程。初侵染所产生的病原物，通过媒介再次传播侵染，完成新的侵染程序，称再侵染。有的病寄主无再侵染，有的还有数次病程。潜育期短，再侵染的可能性大；环境条件对病害发生有利，可缩短潜育期和增加病原物的数量，再侵染的次数也会增加，病害蔓延也快。如苗圃地的杉、松苗猝倒病，潜育期短，再侵染次数多，蔓延快，危害大。

各种病害侵染循环的主要环节虽基本相同，但具体环节的实际经历情况，不但在不同病害之间有差别，即使同一种病害的各次侵染程序、侵染来源及传播方式也不尽相同。

病害侵染循环，反映了病害的发生发展规律。人们知道了侵染循环，就能掌握病原物的越冬场所，清除侵染源，就能掌握初侵染和再侵染的时间和次数，选定喷药的时间和次数，也能掌握只有初侵染而没有再侵染的病害，清除初侵染源。

3. 植物病害的流行

某种植物病害在一定地区、一段时期内普遍而严重地发生，称为病害流行。林业植物个别植株的病害并无多大经济意义，只有流行性病害才会带来严重的经济损失和生态影响。

（1）植物病害的起源

植物寄主及其病原物在同一发源地，经长期共同进化，建立了较稳定的寄生关系，这种情况，病害起源于植物的原产地，这多半是由腐生到寄生演化的结果；当植物引种到新居地，新居地的寄生物转到植物上，建立寄生关系，成为植物的病原物，这种情况，病害起源于植物被引进的地区。

（2）植物病害流行的种类

植物病害的流行一般分两类，即1年只侵染1次病害，它流行起来一开始发病率就高，但比较稳定，不继续增加；一年多次侵染病害，它开始发生时发病率很低，以后不断发展流行，直到发病率很高。

（3）植物病害流行的条件

植物的病害必须要有感病植物、病原和环境因素三方面的相互配合才能发生。由个别病害发展成病害流行的局面，同样是这三方面因素配合的结果，只是这种配合要求得更严格。

1）病原因素。病害的流行必须要有大量的毒性强的病原物存在，并能很快地传播到寄主体上。只有为数众多的病原物才能造成广泛的浸染。病原物越冬的数量是次年进行初侵染的基础。

2）植物因素。易于感病的寄主植物大量而集中地存在是病害流行的必要条件。林木的不同种类、不同年龄，以及不同个体，对于病害具有不同的感受性。营造大片的同龄的纯林，是造成感病个体大量集中的原因，易引起病害流行。我国近年来红松的疱锈病、落叶松早期落叶病、杉木的炭疽病等多流行于同龄的纯林中。同时，在纯林中，病原物也易获得寄主，有利于其侵染和数量的积累。

由于不同林木品系的抗病力不同，在某些条件下造林时选用林木的品系不当，也是引起病害流行的原因，如在我国东北落叶松早期落叶病猖獗的地区，栽植长白山落叶松则比选用日本落叶松病害要严重得多。

栽培管理不善，环境条件恶化，使植物抗病性下降，也可以引起病害的流行。

3）环境因素。环境条件影响植物病害的流行，不仅是由于它涉及的范围广和变动性大，而且还由于病原物和寄主植物的各种活动，都是在周围环境的直接影响下进行的。

上述三方面的相互配合是病害流行必不可少的条件，缺一不可。但是，这不等于说，在任何情况下，三方面的因素都是同等重要的。恰恰相反，对于任何一种病害来说，在一定的地区和时间内，发展成为流行状态都有一个起决定作用的因素。因为在自然情况下，一切条件常常是在不同程度上存在着的。某个最易变化或变化最大的那个因素，必然对病害发生较大的影响而成为流行的主导因素。如以杨树腐烂病为例，在北方的某些林场，感病的寄主是大量而集中地存在着的，病原物也普遍地腐生于枯枝上和树皮表层。这时病害的流行与否取决于环境条件。如遇突然的干旱或冻害，病害便随即流行起来。在另外一类病例里，病原的存在可能是流行的决定条件。如我国的各梨树栽培区，环境条件都是适于梨-桧锈病发生的。如果梨园附近有严重感染锈病的桧树存在，病害便会迅速流行起来。否则，梨园可以安然无恙。

六、林木病害的化学防治

1. 化学防治的基本原理

（1）保护作用

在病原物侵入寄主植物之前使用化学药剂，阻止病原物的侵入使植物得到保护，具有保护作用的药剂称为保护剂。这一类药剂不能进入植物体内，对已侵入的病原物无效，必须在病原物侵入之前使用。

杀菌剂的保护作用从广义上讲包括两方面：一是在病原物来源部位施药，主要指用药剂处理病原物的越冬越夏场所、带菌的种子和繁殖材料，消灭或减少病原物的初侵染来源；二是在可能被病原物侵染的植物表面喷药，药剂在植物表面形成一层药膜，抑制病原菌的孢子萌发或将病原菌杀死，控制病害的发生和蔓延。在病害流行季节，及时喷药预防病原物的侵入至关重要。根据病害的发病特点，保护剂可有不同的用药时期和施药地点。

（2）治疗作用

当病原物已经侵入植物或植物已经发病时，使用化学药剂处理植物，使体内的病原物被杀死或抑制，终止病害发展过程，使植物恢复健康的作用，称为化学治疗作用。用作化学治疗的药剂一般在病原菌侵入植物体后施用，此类药剂具有内吸传导作用，称为内吸治疗剂，简称内吸剂。这类药剂的特点是对侵入寄主体内病原物有效，但这类药剂一般都有较强的专化性，长期连续使用同一类药剂时，容易诱发病原菌产生抗药性，使药剂防治效果降低，甚至完全失去作用。目前，在植物病害防治上常用的内吸治疗剂有：甲基硫菌灵、多菌灵、疫霜灵（乙膦铝）、甲霜灵、甲霜灵锰锌、烯唑醇、氟硅唑、克露（霜脲氰＋代森锰锌）、多抗霉素等。

化学治疗主要有3种类型：

1）表面化学治疗。有少数病原菌主要附着在植物表面，如多种植物的白粉病。可以在植物表面直接喷洒杀菌剂，将表面的病原菌杀死而使植物得到治疗。这种表面治疗并不要求药剂一定具有内吸传导性。

2）内部化学治疗。药剂必须进入到植物体内才能起到治疗作用。严格地说，化学治疗就是指这一类。用于内部化学治疗的药剂必须具有明显的内吸传导性，而且必须在植物和病原物之间具有明显的选择性。此类药剂进入植物体内，可对病原物直接产生毒害或通过影响植物的代谢，改变其对病原物的反应或影响病原物的致病过程。

3）外部化学治疗。在森林病害的防治中，树干或大枝干被病菌侵染发病后，可采取外科手术的方法，用刮刀刮去病组织，刮后的伤口要涂以化学药剂，以免再受侵染。

（3）化学免疫

植物化学免疫是将化学药剂引入健康植物体内，诱导植物体本身产生对病原物的抵抗力，从而减轻病害的发生。化学免疫作用主要是诱导寄主产生有杀菌或抑菌作用的植物保卫素，改变寄主的形态结构使之不利于病原物的侵染和扩展。

（4）钝化作用

在植物病毒病害的防治方面，有些金属盐、氨基酸、维生素、植物生长调节素和抗菌素能影响植物病毒的生物活性，起到钝化病毒的作用。病毒被钝化后，其侵染力和增殖力降低，从而减轻病毒病害的危害。

2. 常用杀菌剂（见表2—2）

表2—2 **常用杀菌剂**

通用名称	作用	防治对象	常用剂型	注意事项
波尔多液	保护作用	对防治多种林木真菌病害有良好效果，但对锈病和白粉病防治效果差	1%等量式（硫酸铜：生石灰：水＝1：1：100）	现配现用；不宜在桃、李、梅、杏、梨、柿上使用
代森锰锌	保护作用	主要防治霜霉病、炭疽病、灰霉病、叶斑病、锈病等	70%可湿性粉剂、25%悬浮剂	该药剂常用来与内吸杀菌剂混配，用于延缓抗性产生
三乙膦酸铝（疫霜灵）	保护和治疗作用	主要防治霜霉病、疫霉病	40%和80%可湿性粉剂	可采用涂抹、喷雾、浸渍等方法施药；本药剂不能与酸性、碱性农药混用，可与多菌灵、代森锰锌、福美双等混配
甲霜灵（瑞毒霉）	保护和治疗作用	对霜霉菌、疫霉菌和腐霉菌所致的病害均有效	25%可湿性粉剂、35%粉剂、5%颗粒剂	本品最好与代森类药剂混用
百菌清	保护和治疗的作用	防治卵菌纲病原菌引起的霜霉病及晚疫病等病害	75%可湿性粉剂	
多菌灵	保护和治疗作用	对各种病害具有较好的防治效果。尤其对子囊菌和半知菌引起的病害有较好的防治效果，对锈菌无效	40%悬浮剂、25%和50%可湿性粉剂。	不能与碱性及铜制剂混用，不宜在一种林木的一个生长季节连续使用

续表

通用名称	作用	防治对象	常用剂型	注意事项
甲基硫菌灵（甲基托布津）	保护和治疗作用	防治灰霉病、白粉病、炭疽病、褐斑病、叶霉病等，对霜霉病无效	70%可湿性粉剂	不能与碱性和无机铜制剂混用
井冈霉素	保护和治疗作用	对由立枯丝核菌（纹枯病）引起的病害均有防治作用	20%井冈霉素	20%井冈霉素结合其他农药喷施，不仅可以防治多种病害，而且可以减少打药次数。一般用药浓度为1 000～2 000倍
烯唑醇（速保利）	保护和治疗作用	对白粉病、锈病、黑粉病、黑星病等有特效	12.5%超微可湿性粉剂	一般使用方法为稀释2 000～3 000倍喷雾
三唑酮（粉锈宁）	保护和治疗作用	可防治白粉病、锈病	15%和25%可湿性粉剂、20%乳油	用于拌种时应严格掌握用量，防止产生药害
苯菌灵	保护和治疗作用，还有杀螨作用	可防治多种真菌病害	50%可湿性粉剂	用1 000～1 500倍液喷雾，用种子重量的0.25%拌种，1.25～1.5千克/亩撒药于根际周围或用500～1 000倍液灌根作土壤处理

【思考与练习】

1. 林木病害症状类型主要有哪些？
2. 林木病害病程分哪几个阶段？
3. 什么是林木病害侵染循环？有哪些环节？
4. 林木病害流行条件是什么？
5. 林业上常用有机合成杀菌剂有哪些？

第二节　林木种苗病害及防治

一、苗木根部病害

1. 概述

苗木根部病害也称土传病害，在发展初期不易察觉，在病因诊断上也比较困难。真菌引起的根部病害的症状表现为地下部分的，主要是皮层腐烂，形成瘿瘤或毛根。腐烂的皮层与木质部间常出现片状、羽状或根状的白色或褐色的菌索。在干基处长有子实体、菌膜、菌核、蛛网状菌丝体等。地上部分常表现为叶片的色泽不正常，呈淡绿色。继之放叶延迟，叶形变小，提前落叶，容易发生萎蔫现象，最后是全株枯死。整个发病过程往往是渐进的。

根病的病原菌都是土壤中的习居菌或半习居菌，大多为兼性寄生菌，能长期营腐生生活。通过主动传播和水流传播向健康的根部侵染，根部相互接触也是根病传播的一种重要方式。

苗木根部病害的控制原则是：进行苗木检疫，防止苗木调运过程中传带病菌；正确执行育苗技术规程，选好圃地，实行轮作，做好苗床，合理施肥，及时排灌；及时挖除病株，消灭侵染来源；用杀菌剂或杀线虫剂作土壤消毒或种子处理。

2. 代表种——幼苗立枯病

（1）分布与危害

全国各地苗圃均有发生。主要危害松、杉等针叶树幼苗，在短期内可引起幼苗大量死亡。此外还危害榆树、枫杨、桦树、桑树及刺槐等阔叶树种的幼苗和花卉及多种农作物。

（2）症状

1）烂芽型：种子播后，7～10 天、种芽腐烂，地上表现为缺苗。

2）猝倒型：小苗长出，未木质化之前，根茎处受侵染，腐烂，倒伏。幼苗出土后 30 天之内发生。

3）茎叶腐烂型：茎叶受病菌缠绕，腐烂，苗过密、湿度大时发生，菌丝缠绕于叶上不掉，似蛛网。

4）立枯型：苗木已木质化，病菌侵染根部皮层，皮层烂掉，表现为小苗带绿死亡，不倒伏，拔下时根皮留在土壤中。

（3）病原菌

1）茄丝核菌（*Rhizoctonia solani*），半知菌亚门，不产生无性孢子，菌丝呈直角分支，有隔处缢缩，产生疏松的菌核，以度过不良环境。

2）尖孢镰孢菌（*Fusarium oxysporum*），半知菌亚门，产生分生孢子座，丛生的分生孢子梗，产生两种孢子，大型镰刀型和小型单孢子。

3）德巴利腐霉（*Pythium debaryanum*）

4）瓜果腐霉（*Pythium aphanidermatum*），鞭毛菌亚门，产生无分隔的菌丝，无性繁殖产生孢囊，囊内产生游动孢子；有性繁殖产生卵孢子。

（4）发病规律

土壤习居菌，在有机体上生存，靠菌丝生长，主动传播，一旦遇到小苗，侵染；初侵染源为菌丝，厚垣孢子、分生孢子、卵孢子；传播方式为主动传播，随水传播；侵入途径为从根毛侵入；潜育期为 3～6 h，2～3 d；再侵染频繁；越冬方式以厚垣孢子、菌核、卵孢子越冬。

(5) 防治方法

1) 土壤选择与处理：选择排水良好地块；改良土壤使土壤成为团粒结构；土壤消毒处理（在酸性土壤中，播种前施生石灰 300～375 千克/公顷，可抑制土壤中的病菌，促进植物残体腐烂。在碱性土壤中，播种前施硫酸亚铁粉 225～300 千克/公顷，既可防病，又能增加土壤中的铁元素和改变土壤的酸碱度；也可用 30%的硫酸亚铁水溶液于播种前 5～7 天均匀地浇洒在土壤中，药液用量为 2 千克/平方米）；老床 3～5 年更换。

2) 种子选择与处理：选良种；种子消毒（播种前可用 0.5%高锰酸钾溶液浸泡种子 2 小时，捞出密封 30 分钟，用清水冲洗后催芽播种）；适时播种（播种不宜过早或过迟，以杉木种子为例，应在旬平均温度达 10℃之前 20～30 天播种，种子发芽顺利，苗木生长健壮，抗病性强）。

3) 加强苗圃管理：合理施肥，细致整地，播种前灌好底水，苗期控制灌水，加强松土除草，促进苗木生长旺盛，防止病害发生。

4) 喷药防治：对于幼苗猝倒，因多在雨天发病，可用黑白灰（即 8：2 柴灰与石灰）1 500～2 250 千克/公顷，或用 70%敌磺钠原粉 2 克/平方米，与细黄心土拌匀后撒于苗根颈部，抑制病害蔓延；对于茎、叶腐烂，应及时揭去覆盖物和排除积水，可喷 0.5%等量式波尔多液，每 15 天喷 1 次；对于苗木立枯，要及时松土，可用硫酸亚铁炒干研碎，与细土按 2：1 000 拌匀，1 500～2 250 千克/公顷。

二、林木种实病害

1. 概述

常见的林木种实病害症状类型主要是种实发霉，主要由半知菌中的一些腐生菌类引起；其次有囊果、果斑、软腐和干果类的僵化，由子囊菌和半知菌的一些种类引起。

2. 代表种——种实霉烂

(1) 分布与危害

种实霉烂是一类很普通的病害，我国南北各地均常见。

(2) 症状及病原

多数在种皮上生出多种颜色的霉层或丝状物，霉烂的种子一般都具有霉味。生有霉层的种子多数显湿变成褐色。切开种皮时，内部变成糊状，有的仍保持原形，只在胚乳部位有红褐色的斑纹。

引起种实霉烂的病原常见的有：青霉菌（*Penicillium* spp.）、交链孢菌（*Alternaria* spp.）、曲霉菌（*Aspergillus* spp.）、镰孢菌（*Fusarium* spp.）、匍枝根霉（*Rhizopus stolonifer*（Ejrenb ex Fr.）Vuill）等。

(3) 发病规律

上述菌类普遍存在于空气、土壤、水、容器和库房中，种实同这些菌类接触机会多，种实表面带菌是普遍现象。成熟的种实，在采收、调制和储运时不慎造成伤口，有利于病菌侵入。种实储藏期温度高、湿度大，霉烂更加迅速。种实霉烂菌生长的最适宜温度为25～27℃，在一般的温度条件下都能活动，因此，湿度往往是发生霉烂的主要因素。

(4) 防治方法

1) 在种实成熟时及时采收，避免损伤。

2) 储藏前种子应适当干燥，除橡实、板栗等大粒种子外，一般应干燥至含水量为10%～15%，并将坏种、病种剔除。库内温度保持在0～4℃，并保持通风。

3) 仓库应消毒处理，并经常保持库内卫生，以减少病菌。

4) 用沙埋种子催芽时，种子和沙均要消毒。用0.5%高锰酸钾浸种15～35分钟，清洗后再混沙。沙也要先用甲醛1∶10倍液消毒，30分钟后摊开，待药味散尽后再用。

5) 用新鲜稠李叶片快速切碎后与种子拌混在一起播种，可防止播种时种实霉烂。用1份干牛粪加3份水浸泡3天后，再加3份水过滤，用清液处理种子，可以起到壮苗灭菌的作用。

6) 利用氮气（气态或液态）储藏种实，能保存种实生物特性和营养价值，不霉烂，不污染。

【思考与练习】

1. 防治林木种苗病害的途径有哪些？
2. 苗木根部病害防治原则有哪些？
3. 幼苗立枯病防治措施有哪些？
4. 种实病害防治原则有哪些？
5. 种实霉烂防治措施有哪些？

第三节　叶部病害及防治

一、锈病类

1. 概述

锈病多发生在针、阔叶树的叶片上，其病原菌为各种锈菌。锈菌的形态和生活史比较复杂，典型的锈菌要经过五个发育阶段，产生五种类型的孢子，即性孢子、锈孢子、夏孢子、冬孢子和担孢子，并有转主寄生和同主寄生两种方式。锈菌侵染植物的地上部分，在病部出现明显的锈孢子器、夏孢子堆或冬孢子堆，它们通常为黄色、橙黄色至黑色，似铁锈，故称锈病。锈病一般是局部侵染。夏孢子是锈病的重复侵染源。叶片感病时，是性孢子或锈孢子所致，通常形成较大的圆形褪色斑，叶部增厚，正面生有性孢子器，背面生有锈孢子器。如果在夏孢子和冬孢子阶段，则只在叶背形成黄色的夏孢子堆或橙色至黑色的冬孢子堆，叶正面相应部分略有褪色。病害若发生在叶柄、枝条或树干上，病部往往肿大，有时也会形成丛枝。

锈病类防治原则：营造混交林时，避免转主寄主混交，结合营林抚育尽量清除转主寄主，如樟子松——黄菠萝、油松——黄菠萝、梨树——桧柏；清除越冬病原菌，减少初次侵染来源；药剂防治，如用波尔多液、代森锌、敌锈钠等保护剂，于6—7月下旬向叶片喷雾，可预防担孢子的侵染。在发病期可用石硫合剂、三唑酮等喷洒苗木。

2. 代表种

（1）松针锈病

1）分布与危害：国内外松针上的一种常见病害，主要危害樟子松、红松、油松、马尾松。

2）症状：叶病部褪绿，变为淡黄色，其上生初为蜜黄色，后为黄褐色、黑色小点（性孢子器），然后囊状的橙黄色突起（锈孢子器）。

3）病原：由锈菌中的鞘锈属（*Coleosporium*）引起的，专性寄生菌，对寄主的选择比较严格。如红松松针锈病，病原为风毛菊鞘锈菌（*C. saussureae*）；樟子松松针锈病，病原为白头翁鞘锈菌（*C. pulsatilae*）；油松松针锈病，病原为黄菠萝鞘锈菌（*C. phellodendri*）。

4）发病规律：8月下旬风毛菊叶上的冬孢子不经过休眠萌发产生担子和担孢子，担孢子借风传播，通过气孔侵入到红松针叶上，然后以菌丝体在松针内越冬，第2年春天（4月份），在松针上形成性孢子器，5月上、中旬形成锈孢子器，6月锈孢子萌发侵入风毛菊叶片，形成夏孢型锈孢子，同时形成冬孢子。

5）防治方法：避免转主寄主混交；清除转主寄主；药剂防治。

（2）落叶松褐锈病

1）分布与危害：分布黑龙江、吉林和辽宁三省各地的落叶松人工林内，发病比较普遍，重病区的发病率为70%～80%，严重影响落叶松的生长。

2）症状：落叶松针叶上形成褪绿色段斑，叶背面6月中旬形成红色夏孢子堆，到8月中旬夏孢子堆重复侵染，到9月中下旬形成锈褐色冬孢子堆。

3）病原：落叶松拟三孢锈菌（*T. laricinum*（Chou）Tai）。

4）发病规律：冬孢子在落叶上越冬，第2年春，冬孢子萌发，形成担子和担孢子，担孢子借风传播，从气孔侵入落叶松针叶，然后形成冬孢子堆和冬孢子。

5）防治方法：药剂防治。

（3）落叶松-杨锈病

1）分布与危害：分布于东北三省，内蒙古东北部、河北和云南等地。从小苗到成年大树都能发病，但以小苗和幼树受害较为严重，是苗圃和幼林中的常见病害之一。

2）症状：落叶松叶上形成褪绿病斑、小黑点（性孢子器）；杨树叶叶背夏孢子堆——锈黄色，正面冬孢子堆——锈褐色。

3）病原：落叶松杨栅锈菌（*Melampsora larici-populina*）。

4）发病规律：在杨病叶上以冬孢子越冬，越冬后的冬孢子萌发，产生担子、担孢子，担孢子借气流传播侵染落叶松针，形成性孢子器、性孢子，然后再形成锈孢子器和锈孢子，锈孢子借气流传播在杨叶萌发，形成菌丝，在杨叶上形成夏孢子堆和夏孢子，其可反复侵染杨叶，秋季在杨叶正面形成冬孢子堆。

5）防治措施：选育抗病树种；不要营造落叶松、杨树混交林；苗圃内合理进行经营措施；药剂防治。

二、叶斑病类

1. 概述

普遍发生于针、阔叶树上，病原菌较多，真菌主要为半知菌和子囊菌引起，也有病毒和细菌引起，针叶叶斑病比阔叶树危害严重。在针叶上，引起针叶枯死，早落。半知菌、子囊菌引起的落叶松早期落叶病、松落叶病，其有性阶段以子囊孢子做为侵染来源，无性阶段以分生孢子做为侵染来源。

2. 代表种

（1）松落针病

1）分布与危害：松落针病是世界性常见病害，分布较广。主要危害松树、樟子松、红松。

2）症状：松针叶先端叶褪绿，变褐，在病斑上出现小黑点（分生孢子），在叶斑上出现梭形子囊盘（黑亮，突出），落叶上带有较大的段斑，黄褐色。

3）病原：扰乱散斑壳菌（*L. seditiosum Minter. Staley et Millar*），子囊菌亚门。

4）发病规律：6—8月份开始侵染，子囊孢子放散，落叶上成熟的子囊盘开始放散子囊孢子，以风和雨水传播，从气孔侵入，引起叶部发病。分生孢子器和子囊盘，以菌丝和未成熟的子囊盘越冬。

5）防治措施：加强抚育管理，促进苗木生长旺盛，提高抗病力；在孢子放散前和放散期间，喷洒75％的百菌清可湿性粉剂500～700倍液或70％代森锌可湿性粉剂500倍液，或50％退菌特600～800倍液，2～3次；烟剂熏；林地内进行抚育间伐、修枝。

（2）松针红斑病

1）分布与危害：松针红斑病是世界多见的松树叶部病害，在我国分布于黑龙江、吉林、辽宁和云南，危害松属多个种、变种和杂交种，以及红皮云杉等树种，其中以樟子松、赤松和红皮云杉受害最重。该病是国内森林植物检疫对象之一。

2）症状：叶部褪绿，黄褐色，红带状，叶部密生小黑点，病斑部流出白色松脂。

3）病原：松穴褥盘孢菌（*Dothistroma pini Hulbary*），半知菌亚门。

4）发病规律：病菌以菌丝和分生孢子盘越冬，第 2 年分生孢子盘成熟，散放分生孢子，以气流和雨水反溅传播。从气孔侵入，引起叶部发病，在雨水多的年份易发。

5）防治措施：禁止到疫区引进苗木和采集接穗，做好圃地检疫；对苗圃要加强管理，严禁带病苗。苗木发病时喷洒 75%福美双可湿性粉剂 500～800 倍液，每隔 15 天喷洒 1 次；对于发病的人工林要及时修枝或在孢子发散盛期施放 2.5%百菌清烟剂或硫黄烟剂防治；清除病苗、病叶等侵染来源。

（3）落叶松早期落叶病

1）分布与危害：分布于黑龙江、吉林和辽宁等省。危害落叶松针叶，影响落叶松的高生长、径生长和材积生长。

2）症状：2～3 个黄色病斑连成片变红褐色，基上生小黑点，为性孢子器，30～50 天落叶。落地病叶上长出小黑点、子囊腔，严重时整个树冠像火烧一样。

3）病原：日本落叶松球腔菌（*Mycospha erellalarici-lepto lepis*），子囊菌亚门。子囊孢子梭形，双细胞，1 年侵染 1 次。

4）发病规律：病菌在落地叶内形成双核菌丝，以双核菌丝越冬。第二年春，长成子囊腔、子囊孢子，子囊孢子随风、雨溅传播，从气孔侵入，形成病害，病叶提前 30～50 天落叶。

5）防治措施：加强抚育管理，适当修枝、抚育；烟剂、喷药；火烧病地被物，清除侵染来源。

（4）杨树灰斑病

1）分布与危害：分布于黑龙江、吉林、辽宁、河北和陕西等省，危害杨树的幼苗、幼树。

2）症状

①灰斑型：在叶部形成大的灰白色斑，边缘褐色，大型斑上长出密集的黑色，为分生孢子盘。

②黑斑型：叶边缘长出黑斑，斑上生黑色霉层或点。

③黑脖型：嫩枝上，连叶片嫩梢枯死变黑、弯曲下垂，在病斑上生出黑色霉层。

④肿茎型：枝条肿大，纵向裂开，露出木质部和红水。

3）病原：无性型为杨棒盘孢菌（*Coryneum populinum*），半知菌亚门。有性型为东北球腔菌（*Mycospha erellaman dshurica*），子囊菌亚门。

4）发病规律：以分生孢子盘、分生孢子、子囊腔越冬，第二年春天以分生孢子和子囊孢子作为初侵染来源，雨水反溅和气流传播，通过气孔，少数直接穿透表皮侵入，7、8、9 月份发病最重，潜育期 5～10 天，分生孢子可重复侵染。

5）防治措施：在苗圃适当间苗，或打去下部叶 3～5 片使叶片不能过密；将苗圃周围大树的萌条去掉；药剂防治，如 6 月末开始喷 65%代森锌可湿性粉剂 500 倍液，或 50%多菌灵可湿性粉剂 600 倍液，或 1：1：125～170 倍的波尔多液，每 15 天喷 1 次，共 3～4 次。

三、其他叶部病害

1. 白粉病症状特点及防治原则

（1）症状特点

白粉病发生在柞、桦、杨等阔叶树的叶片及枝条上，由子囊菌亚门的白粉菌引起，影响树木生长。多数白粉菌以闭囊壳在落叶上越冬，次年春季从闭囊壳中释放子囊孢子进行初次侵染。分生孢子可以在 1 年中侵染多次，多数从寄主体表的角质层直接侵入。在温暖、荫蔽、偏氮缺钾条件下有利于白粉病的发生。

（2）防治原则

①冬季或春季扫除落叶，萌芽前剪去病梢，集中烧毁

②造林时，栽植不宜过密，及时修枝或间伐，透风透光。合理施肥，低氮高钾可以减轻发病

③在树木萌芽发叶前喷 1 次 3～5 波美度石硫合剂，在生长期，防治药剂应选择三唑酮、三唑醇和甲基硫菌灵等进行喷雾。

2. 煤污病症状特点及防治原则

（1）症状特点

煤污病发生在多种木本植物的幼苗和大树上，由子囊菌亚门的煤炱菌和小煤炱菌引起，主要危害叶片，有时也危害枝干，严重时叶片和嫩枝表面覆黑色煤烟状物，阻碍林木光合作用。煤污病菌的菌丝、分生孢子和子囊孢子都能越冬，成为下一年初侵染的来源。当叶、枝的表面有灰尘、蚜虫蜜露、蚧分泌物或植物渗透物时，分生孢子和子囊孢子就可在上面生长发育。菌丝和分生孢子可借气流、昆虫传播，进行再侵染。

病害与湿度关系密切，一般湿度大，则发病重。有些植物，如黄波椤等芸香科植物的外渗物质多，病害也较严重。

（2）防治原则

①改善林木立地条件，及时修枝，间伐透光。

②煤污病的发生与蚜虫、蚧虫、木虱等的危害有密切关系，对这些害虫加以防治，能抑制该病的发生，如在黑缘红瓢虫密度高的林分收集成虫，释放到发生煤污病和蚧虫的林分。还可用 40%的氧化乐果乳剂加水 1～2 倍，涂刷树干基部 40 厘米宽的药环，可防治蚧虫。

③用 1 波美度石硫合剂喷雾防治。

【思考与练习】

1. 叶部病害的初侵染来源主要有哪几方面？

2. 简述叶部锈病类的防治原则。

3. 简述叶斑病类的防治原则。

4. 比较白粉病和煤污病的症状特点。

5. 叶部病害症状主要有哪些特点，防治原则应以什么为主？

第四节　树木枝干病害及防治

枝干病害的危害性大，是重要的检疫对象。枝干病害的症状为枝条枯枝、主干死亡，如疱锈病、枯萎病、丛枝病能引起造林失败。

枝干病害的特点是病原种类多，传染性病原为真菌、细菌、病毒、植原体、线虫、寄生性种子植物、地衣、藻类等；非传染性病原为低温冻伤、日灼伤。各类病原的寄生性不同，寄生性的，如锈菌，旺盛和弱寄生性的，如侵染长势不良的树木。初侵染来源为已感病的活立木、枯枝、死树。再侵染不明显、潜育期较长。真菌、细菌由凡雨或者协或协力传播；病毒、类菌质体由昆虫传播。潜伏侵染，病菌侵入植物体后，由于某种原因而停止侵染，当某种诱因出现或树木生长衰弱时就引起病害，属弱寄生菌，如森林中的习居菌。

枝干病害的防治原则是以林业措施为主，化学防治为辅的综合防治措施。

一、干锈病类

1. 概述

干锈病病菌属于子囊菌亚门柱锈属、内柱锈属、栅锈属、胶锈属、单胞锈属等。其中以柱锈属真菌所引起的枝、干锈病种类最多，所受损失也最大。这类病菌大都是转主寄生的。松类干锈菌的转主寄主可为双子叶草本、灌木或乔木。在松树上度过其性孢子、锈孢子阶段。只有内柱锈属的锈菌为单主寄生菌，它们在松树上产生特殊的锈孢子，又直接侵染松树。

干锈病往往引起枝干肿大、溃疡和丛枝症状。除胶锈属真菌外，其他锈菌所致干锈病均在每年的一定时期（一般为夏初），于松树病部出现鲜黄色或褐色的粉状物，这是识别由锈菌引起的枝干锈病最显著的标志。幼苗、幼树或成年树枝条受病后一般导致枝枯。

干锈病的控制原则是：① 选育抗锈病品系以防治松类干锈病；② 避免把易感病树种种植于易发病的生态区；③ 结合幼林抚育去除转主寄主；④ 从幼林开始坚持修枝，清除目的树种的病株或其受害枝条；⑤ 用涂干法进行药剂防治。

2. 代表种

（1）红松疱锈病

1）分布与危害：五针松（红松、白松），世界性的。

2）症状：枝干皮部出现淡橙黄色的病斑；病斑扩展并产生裂缝，8、9 月病部溢出白色后变橙黄色的蜜滴。生蜜滴的皮干裂后，可见血迹斑痕。第 2 年 4、5 月份病部长出橙黄色疱囊，囊破散放出黄色的锈孢子（黄粉）。

3）转主寄主：人工林内转主寄主为马先蒿；天然林内转主寄主为茶藨子，叶背带油脂黄色球形的夏孢子堆。

4）病原菌：茶藨子生柱锈菌（*Cronartium ribicola*）。性孢子无色、梨形；锈孢子球形，表面有疣；夏孢子球形，表面有刺，黄色。

5）发病规律：7、8、9 月份冬孢子在适宜条件下萌发，产生担子和担孢子。担孢子随风传播，通过叶部的气孔侵入针叶，在侵入点周围变为黄褐色，菌丝向下侵延，至第 2 或第 3 年到枝干皮层，到这年的 8—9 月份出现蜜滴，在第 3 年或第 4 年的 4—5 月份出现初为白色后为黄色的锈孢子器，囊破露出锈孢子，随风传播，侵入马先蒿或茶藨子的叶上，在叶上出夏孢子堆（黄粉）和毛状冬孢子柱，夏孢子可反复侵染。

6）防治方法：加强检疫；铲除转主寄主；修枝、伐除病株，通风、透光；用放线菌酮、松焦油、煤油、柴油涂干；生物防治；选育抗病品种。

（2）樟子松疱锈病

1）分布与危害：樟子松、马尾松等两针松类。

2）症状：枝条枯死；主干枯干，全株死亡。病斑长 3～8 厘米，宽 1～2 厘米的梭形斑，病斑开始露出橘黄色蜜滴，里面混生性孢子，第 2 年或第 3 年 4—5 月份在病斑处生出橘黄色的锈孢子器，锈孢子圆形至椭圆形。

3）转主寄主：芍药，叶上长出夏孢子堆，周围长出毛状冬孢子柱。

4）病原菌：松芍柱锈菌（*Cronartium flaccidum*）。0、Ⅰ长在松树上病斑，Ⅱ、Ⅲ长在芍药叶片上。

5）发病规律：病原菌在芍药叶上，7—8 月份冬孢子成熟，萌发形成担子和担孢子，借风传播，从松针气孔侵入，顺枝条向下生长，2—3 年后可侵入主干，枝条和主干皮部形成病斑，然后长出性孢子器，第 2 年 4—5 月份长出锈孢子器，里面黄色锈孢子。

6）防治方法：同上。

二、枯梢病类

1. 概述

枯梢病是溃疡病的枝枯型，发生在主枝和小枝上的韧皮部，病斑很快包围小枝或顶梢一周，致使小枝、主梢很快枯死，上面出现子实体，常不出现典型的溃疡病症状，有些病甚至扩展到主干上。常见的枯梢病发生在松、落叶松、柳、核桃等树木上。

枯梢病常由子囊菌、半知菌及冻害、日灼等原因引起。枯梢病防治原则：应及时清除枯枝落叶及死株等侵染源。对苗木和幼树注意防冻害、日灼及旱害，避免在风口处造林。药剂防治可采用多菌灵、百菌清、甲基硫菌灵、波尔多液等喷雾。

2. 代表种

(1) 落叶松枯梢病

1) 分布与危害：危害1～39年生落叶松人工林幼树；分布于东北及内蒙古、河北、山东等地，是国家检疫对象。

2) 症状：危害落叶松当年新梢，新梢褪绿，发黑，大部分叶脱落，只留顶部一丛，新梢弯曲。7—8月份发病，新梢枯萎，易形成无顶苗，多年发病，新梢呈扫帚状，严重时树木死亡。在发病的15～20天后，顶部丛叶背面出现小黑点，大部分为病原菌的分生孢子器，及少量未成熟的子囊壳，8—9月到第2年6月在发病新梢上可见单生或丛生的小黑点，为病原菌的子囊腔。

3) 病原菌：落叶松球座菌（*Botryosphaeria laricina*），子囊菌亚门。分生孢子单孢无色。子囊孢子单孢无色，椭圆形。

4) 发病规律：初侵染来自分生孢子和子囊孢子。病原菌以发病新梢和顶部叶丛上的未成熟子囊腔和分生孢子器越冬。6—8月份子囊孢子和分生孢子借风传播，是放散盛期。侵入方式是由枯梢伤口侵入，分生孢子可重复侵染。风口、冻害、伤口多发病重。

5) 防治方法：普查病情，严格检疫；清除侵染来源；造林措施：避免风口造落叶松，营造混交林，选择造林地；选育抗病树种；药剂防治。

(2) 松枯梢病

1) 分布与危害：世界性病害，危害樟子松、湿地松、红松等多种松树，导致松树幼林枯死。

2) 症状：发生于芽、针叶、嫩梢、枝干皮部、球果。初期，病部褪绿，然后变为褐色至红褐色，严重时整个树干形成红顶，像火烧一样，枯死，发病的枯梢顶部弯曲，病在皮部时，烂皮，流脂，在发病部位产生半埋生的分生孢子器，遇水产生黑色的分生孢子。

3) 病原菌：松色二孢菌（*Diplodia pinea*），半知菌亚门，分生孢子器单生或群生，球形，有乳头状的孔口，分生孢子初为单孢无色，成熟后多为双孢褐色，椭圆形。

4) 发病规律：病原菌以分生孢子作为初侵染来源，分生孢子多以伤口侵入，也可由针叶的气孔侵入，在发病季节，分生孢子可重复侵染。土壤板结、松树长势不良，发病严重。

5) 防治方法：适地适树，修枝，伐除重病树，减少侵染来源；避免在发病重区建立苗圃，在苗圃周围的发病大树要伐除；引进苗木时要检疫，防止向外地传播；药剂防治，喷药处理。

三、溃疡病类

1. 概述

溃疡病是指林木枝干局部性坏死，坏死后期因组织失水而稍下陷，有时周围还产生一圈稍隆起的愈合组织，它包括溃疡、烂皮、枝枯、癌肿等。大多数溃疡病是由子囊菌及其无性阶段引起的，少数溃疡病由日灼、冻害和某些机械损伤所致。

溃疡病可分一年生溃疡和多年生溃疡。一年生溃疡病在一个生长季节内，即环切枝干，使之枯死；或待寄主进入生长旺盛的季节，抗病力增强时，病斑被愈合组织所包围，使病斑脱落，最后恢复健康。多年生溃疡病斑经多年被愈合组织包围，致使枝干上的病斑形成一具有轮纹的环靶状物。

溃疡病一般每年有 2 个发病期，病害通常发生于春季或初夏树木生长活动刚开始的时候，这期间树木抵抗力低，病害发展迅速，皮层坏死呈水浸状。当夏季树木生长旺盛时期，病害停止发展，处于休止状态。病斑干裂下陷，周围产生愈合组织。秋季病害再经过一个短暂的发展，便进入越冬休止阶段。溃疡病菌以菌丝或子实体在感病株的病斑中越冬。溃疡病菌为弱寄生菌，病株、病枝、枯枝、苗木、枝干带菌都是侵染源，而且溃疡病能潜伏侵染。虫伤、冻伤、各种机械伤口、修剪和嫁接伤口是溃疡病菌侵入寄主的主要途径。早春的干旱和冬春的冻害是病害流行的条件。在适宜的温度条件下，当树体含水量低于某一限度时，病害便会发生。如杨树溃疡病，当高含水量时，由于树体内苯丙氨酸酶的活性强，次生代谢旺盛，加速了酚类（抑菌物质）物质的合成及木质素的形成，发病率降低。

溃疡病的防治原则：改善林木的生长条件，加强栽培管理以提高林木的生活力是防治溃疡病的根本措施；在造林时适地适树，选用抗病树种，培养无病壮苗，避免长途运苗，随起随栽，植前用水浸根；北方地区，防止早春的干旱和冬春的冻害，病害便很少流行；预防和及时保护伤口也有利于减少发病；在加强管理、增强树势的基础上，辅以化学药剂涂抹感染部位。

2. 代表种

（1）松烂皮病

1）分布与危害：世界性病害。在我国，该病分布在黑龙江、吉林、辽宁、山东、河北、陕西、江苏、四川等省。主要危害红松、赤松、黑松、油松和云南松等树种。

2）症状：发病枝上的针叶褪绿变红至红褐色，枝失水皱缩，最后形成枯枝，在树干上烂皮，最后枯干。在 4 月份开始，在发病的枝干皮部长出黄褐色的子囊盘单生或数个成簇，成熟的子囊盘杯状，干时黑褐色至黑色萎缩僵化。

3）病原菌：铁锈薄盘菌（*Cenangium ferruginosum Fr. exFr.*），子囊菌亚门。子囊孢子单胞无色，侧丝顶部膨大。为习居菌。

4）发病规律：菌丝体于枝条、干皮越冬，第 2 年春天的 1—3 月份出现枯梢病状，在枝干上出现烂皮，3—4 月份在病部长出子囊盘，5—6 月份子囊盘成熟，6、7、8 月份大量释放子囊孢子，子囊孢子从枝条伤口侵入，以菌丝越冬。森林习居菌，在树木长势衰弱时发病，在旱、涝、冻、虫伤长势不旺条件下萌发生枯梢、烂皮，落叶或枯梢。

5）防治方法：加强幼林抚育，及时合理修枝，透光间伐；查明发病的诱因，药剂防治，在子囊孢子放散期间喷药处理，在枝干烂皮部位涂药处理。

(2) 落叶松癌肿病

1) 分布与危害：落叶松癌肿病也叫溃疡病、枯枝病、干枯病，是流行于欧、美的严重病害。危害天然林和靠近天然林的人工林。

2) 症状：枝条发病后皮部坏死下陷，绕枝一圈后，病部以上枯死。粗枝或主干发病时皮层腐烂下陷，在病部周围形成愈伤组织，但愈伤组织多数不能愈合，第2年发病期在老愈伤组织内侧形成新的愈伤组织，如是年年病斑长大，就形成梭形癌肿，病斑中心下陷，有胶脂液流出，在病斑处长出橙黄色小毛盘。

3) 病原菌：韦氏毛杯菌［*Trichoscpphella Wiuommii*（*Hart.*）*Nannf.*］，子囊菌亚门。

4) 发病规律：天然更新的幼林、过熟林和人工幼林都能发病。低洼地上的落叶松林多生长不良，并易受冻害，有利于病害侵染、发展。霜冻是本病的主要诱因之一。霜冻不但能冻死芽和小枝，并且能降低树木的愈伤活动，甚至冻死愈合组织，给病害的流行创造了有利的条件。枝和主干上的发病位置具有明显的方向性，绝大部分的病部都出现在西南和南侧。

5) 防治方法：检疫，抑制病害蔓延；清除侵染来源；避免在受冻害处造林；药剂涂抹病皮部。

【思考与练习】

1. 简述干锈病类的防治原则。
2. 简述枯梢病类的防治原则。
3. 简述溃疡病类的防治原则。
4. 如何防治红松疱锈病，它在浸染循环上有何特点？
5. 引起溃疡的病原菌致病特点有共性，在营林生产中如何预防此类病害的发生？

第三章　森林害虫防治技术

学习目标：

◆了解昆虫形态特征、昆虫分类以及昆虫与环境的关系

◆掌握常见昆虫的鉴别特征和生物生态学特征

◆掌握常用化学杀虫剂和生物农药的性能及使用方法

◆掌握苗木和种实害虫、顶芽和枝梢害虫、食叶害虫、蛀干害虫等常见森林害虫的形态特征、生活史、危害症状及防治原则与措施

第一节　森林害虫防治基础

一、昆虫附器及其类型

1. 触角

触角是昆虫的嗅觉器官，着生在两复眼之间或下方，帮助昆虫寻食、求偶、避敌等。它们由多个能活动的环节组成，基部第一节称柄节，第二节称梗节，其余各节统称鞭节。常见的触角类型有丝状、羽毛状、球杆状、膝状、念珠状、鳃叶状、锤状、锯齿状、环毛状，刚毛状、栉齿状。如图3—1所示。

2. 口器

昆虫的口器由上唇、下唇、上腭、下腭和舌组成，外形变化很大。最常见的类型有：咀嚼式口器、刺吸式口器、虹吸式口器。此外，还有舐吸式口器（如蝇类）、嚼吸式口器（如蜜蜂）等，如表3—1所示。

3. 复眼和单眼

复眼和单眼均为视觉器官，在昆虫取食、群集、繁殖、决定行动方向等活动中有十分重要的作用。复眼位于头部的前侧方或上方，呈卵圆形、圆形等，单眼位于复眼内侧。

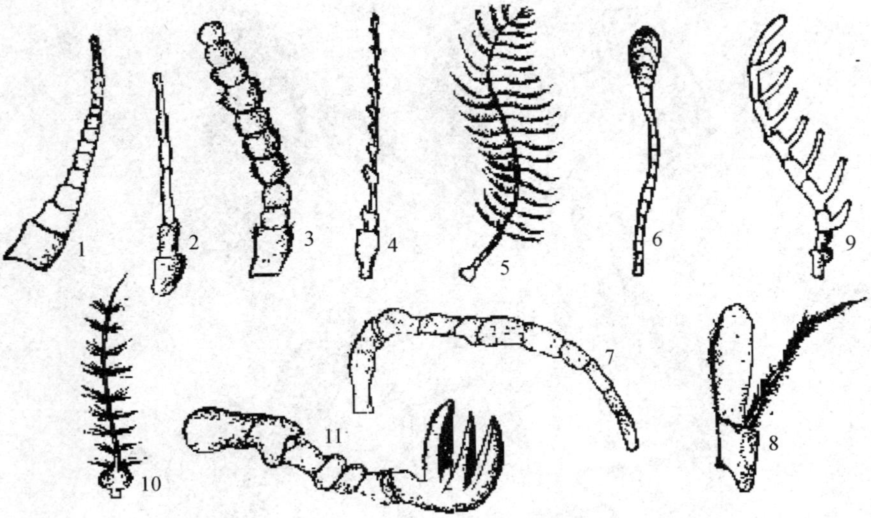

图 3—1 昆虫触角类型

1—锤状 2—刚毛状 3—念珠状 4—丝状 5—环毛状 6—球杆状
7—膝状 8—木节齿状 9—锯齿状 10—羽毛状 11—鳃叶状

表 3—1 常见昆虫口器类型

口器类型	区别	举例
咀嚼式口器	可以取食和咀嚼固体食物，植物枝叶常被咬成孔洞、缺刻、隧道，或叶片被咬断脱落	如竹蝗、金龟子、蝼蛄等，可咬食树叶、嫩干和根等的口器
刺吸式口器	口器似针状，刺吸树液。为害状：枝叶发黄、退色、卷曲和萎缩	如蝽象、蝉、蚜虫、叶蝉等的口器
虹吸式口器	长管状，平时卷曲，吸食花蜜时伸长	如蝶、蛾的口器

紫外光对人眼看来是暗的，但对昆虫是明亮的光线，因此我们可以利用发出紫外光的黑光灯诱虫。

4. 足

成虫的前胸、中胸和后胸上各长一对足，分别称前足、中足和后足。各种昆虫的生活环境不一样，足也发生了相应的特化，其形态和功用各不相同，但基本构造仍是相同的，从基部起依次称基节、转节、腿节和胫节、附节和一对爪。常见的种类有：步行足（如步行虫）、跳跃足（如竹蝗后足）、捕捉足（如螳螂足）、开掘足（如蝼蛄前足）、携粉足（如蜜蜂后足）、游泳足（如龙虱的足），如图 3—2 所示。

5. 翅

昆虫的飞行器官着生在中胸和后胸上，中胸上的翅为前翅，后胸上的翅为后翅。翅像三角形，前面的一条边为前缘，后面的一条边为内缘，两者之间的为外缘；前缘与胸部间的角为肩角，前缘与外缘间的角为顶角，外缘与内缘间的角为臀角。翅上还具有许多脉纹，称翅

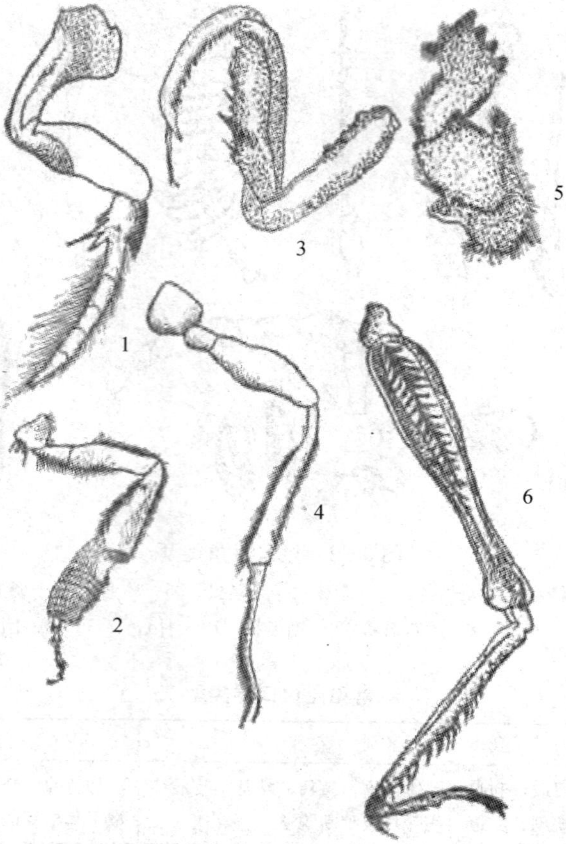

图 3—2　昆虫胸足的常见类型

1—游泳足　2—携粉足　3—捕捉足　4—步行足　5—开掘足　6—跳跃足

脉。翅脉在翅面上排列的形式叫脉相。从翅基部到边缘的脉称纵脉，常有分支，横列纵脉之间的脉称横脉。

昆虫的翅根据质地、被覆物以及外形不同分为不同类型，如覆翅，形狭长，革质，如蝗虫的前翅；膜翅，薄且透明，如蜂类的翅；鳞翅，膜质，密生鳞片，如蝶、蛾类的翅；半鞘翅，基半部革质或角质，端部膜质，如蝽象前翅；鞘翅，角质，坚硬，如金龟子前翅；平衡棍，蝇类等后翅特化为细棍状，飞翔时平衡身体，如图 3—3 所示。

6. 外生殖器

昆虫的生殖器官，雌性的称产卵器，位于第八、第九节腹面，雄性的交配器包括阳茎和抱握器等，位于第九节腹面。我们常根据外生殖器鉴定昆虫性别和近缘种类。

7. 体壁

昆虫的成虫和幼虫等都具体壁，是虫体的外壳，称外骨骼。内面着生肌肉，体壁由外向里，分为表皮层、皮细胞层、底膜三部分。表皮层由内向外分别是内表皮、外表皮和上表皮，含蛋白质、几丁质和蜡质等。体壁的功能是保护内脏，防止体内水分蒸发和有毒物质的侵入。

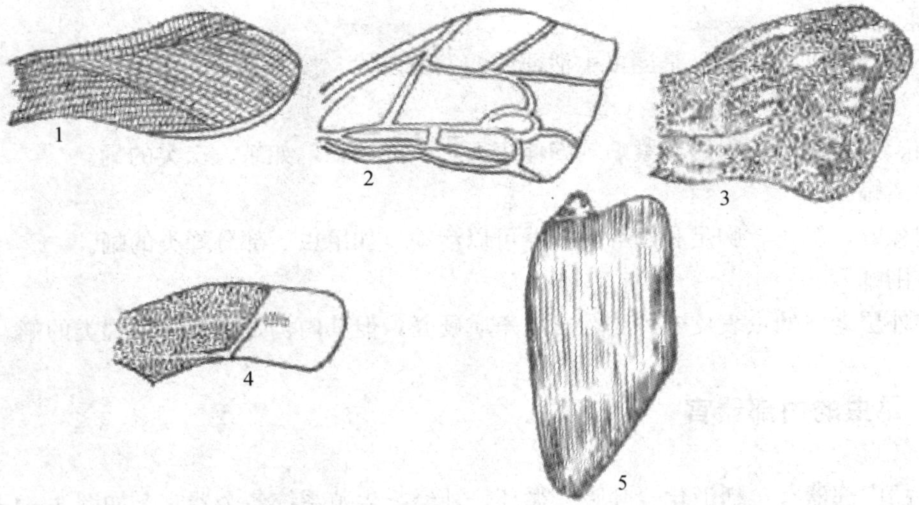

图 3—3　翅的常见类型

1. 覆翅　2. 膜翅　3. 鳞翅　4. 半鞘翅　5. 鞘翅

体壁常有凸出或凹入，形成刚毛、毒毛，鳞片及距（能活动）与刺（不能活动）等外长物；还具有各种腺体，如分泌唾液，帮助取食和消化的涎腺；分泌丝、蜡、胶的丝腺、蜡腺、胶腺；分泌毒素、臭物的毒腺和臭腺等。有些腺体开口于体腔内，分泌脱皮激素、保幼激素等内激素，控制昆虫的发育、变态和脱皮等。外长物与腺体常由皮细胞特化而来。

二、昆虫生物学特性

1. 卵

卵的外面是卵壳，有高度的不透性，卵壳表面有刻纹和色泽。不同种类的卵形状不同，常见的有圆形、近圆形、椭圆形、长卵圆形、馒头形、半圆形、扁圆形、具柄形、桶形等。其大小也不一，一般为 0.5～2 毫米。

2. 幼虫

幼虫一般分头、胸、腹三部分。头硬，有单眼、触角和口器（一般为咀嚼式和刺吸式）。体柔软，前胸和尾部背面有一块骨片，分别称前胸背板和尾板。有些幼虫体表具刚毛、毛瘤、刺等附着物，前胸气门前方的刚毛称前胸侧毛。幼虫的外部形态差别很大，常见的类型见表 3—2。

表 3—2　　　　　　　　　　**幼虫类型**

幼虫类型	区别	举例
无足型	胸足、腹足全部退化	如蝇、蜂类幼虫，部分甲虫和潜叶蛾幼虫
寡足型	有三对胸足，无腹足	如甲虫的幼虫大多属于这一类
多足型	有三对胸足，2～8 对腹足，体表还有许多纵线、横形和斜形线	如蛾、蝶和及蜂的幼虫

3. 蛹

蛹不食、不动或少动，是昆虫生活薄弱的发育阶段。按形态分三类：

（1）被蛹

触角、翅、胸足等附属器紧贴蛹的体表面，不能活动，如蛾、蝶类的蛹。

（2）离蛹

又叫裸蛹，触角、胸足和翅等附属器可以活动。如甲虫、部分蜂类的蛹。

（3）围蛹

蛹体外层老熟幼虫表皮未脱去，形成角质硬壳，但其内仍是离蛹，如蝇类的蛹。

三、昆虫的内部器官

昆虫的内部器官包括消化、呼吸、循环、神经、生殖系统各个器官。如图 3—4 所示。

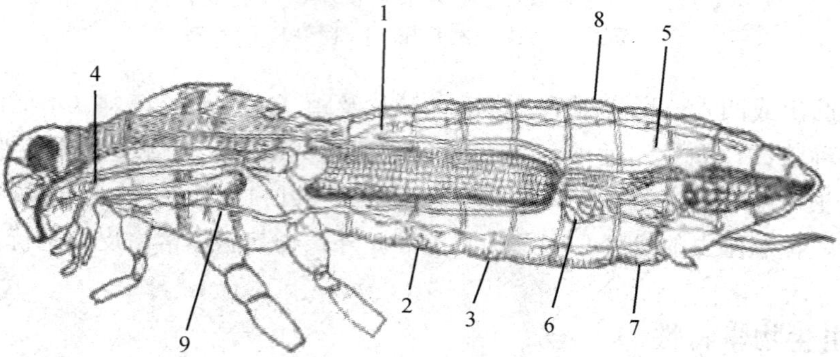

图 3—4　昆虫内部器官的位置

1. 背血管　2. 消化道　3. 中枢神经　4. 交感神经　5. 马氏管　6. 生殖器　7. 气管　8. 肌肉　9 唾腺

1. 消化系统

消化系统包括消化道和唾腺，其功能是消化食物和吸收营养。消化道是由口到肛门纵贯在体腔中央的一条管道，由前到后分前肠、中肠、后肠。

前肠是从口到前胃，是接受、输送、暂储和消化部分食物的。中肠又称胃，是消化食物和吸收营养的。后肠由小肠、大肠和直肠组成，是吸收水分和排粪的。唾腺是位于头内的一对腺体，分泌涎腺液，起着润滑口器、食物和消化食物的作用。

2. 呼吸系统

呼吸系统由出气门、气管、微气管、气囊组成。气门位于胸、腹两侧，是气管向体外的开口。气管的主干有两条，纵贯体内两侧，主干间有横走气管相连，由主干再分出许多分支，越分越细，最后分成微气管。气囊是由气管转化而成的。昆虫用气管呼吸，是其独特的呼吸方式。

3. 循环系统

昆虫的血液一般为绿色或黄色，血液充满整个体腔，所以体腔又称血腔，内部器官浸浴在血腔中。在体背的体壁下有一条背血管，分两段，后段分成几个心室，起心脏作用；前段叫大动脉，血液向前流动进入一系列心室，最后流到大动脉，由此进入体腔。昆虫以血液循环把营养物质送别各组织中，把产生的废物带到排泄系统排出体外。

4. 神经系统

神经系统分中枢神经系统和交感神经系统，中枢神经系统由咽喉上的神经节（咽喉上方），咽喉下神经节（咽喉下方）和纵走在体内腹面神经索组成。这样可使昆虫适应环境条件和各器官组织的活动得到协调和统一。

5. 生殖系统

两性生殖器官都位于腹部后段消化道两侧和侧背面，雌性的开口于第 8 或第 9 节腹板，雄性开口于第 9 节腹板。

四、昆虫的生长发育和繁殖

1. 昆虫的生长和繁殖

幼虫破壳并爬出卵壳叫孵化，幼虫孵化后为第一龄幼虫，脱第一次皮后为第二龄幼虫，脱第二次皮后为第三龄幼虫，依此类推。前后两次脱皮相距的时间为龄期。最后幼虫停止取食，不再生长，称老熟幼虫。老熟幼虫再经过脱皮变成蛹，叫化蛹。蛹变成成虫叫羽化。从孵化到化蛹称幼虫期。从化蛹到羽化称蛹期。成虫羽化后到死亡称成虫期。

昆虫自卵发育到成虫再行繁殖后代叫一个世代。一年中，完成一个世代叫一年一代，完成两个世代叫一年两代。余此类推。在同一时间中有两个世代的同一虫态混合发生叫世代重叠。一种昆虫一年发生经过情况叫年生活史。

昆虫的繁殖方式有四种。通过两性交配繁殖后代叫两性繁殖；不经过两性交配，雌成虫产下的卵直接完成发育，叫孤雌繁殖；卵在发育过程中可分裂成许多细胞，每个细胞可形成一个新个体，叫多胚生殖，如跳小蜂等；卵成熟后不立即产下，而卵化成幼虫后才产下来叫卵胎生，如蚜虫等。

2. 昆虫的变态

昆虫一生中个体形态发生的变化，叫变态。变态分完全变态和不完全变态两类，如图 3—5、图 3—6 所示。昆虫一生中经过卵、幼虫、蛹、成虫四个虫期，幼虫与成虫在生活习性上不同，这种变态叫完全变态，如甲虫、蝶、蛾、蜂、蝇等。昆虫在一生中经过卵、若虫、成虫三个虫期，不经过蛹期就变为成虫，并且若虫（幼虫）与成虫在体型和食料等方面相似，这种变态叫不完全变态，如蝗虫、蟋象、蚜虫、叶蝉等。

3. 昆虫的习性

昆虫长期生活在不同环境中，促使其内部矛盾分化，而形成了不同种类。因此，不同的

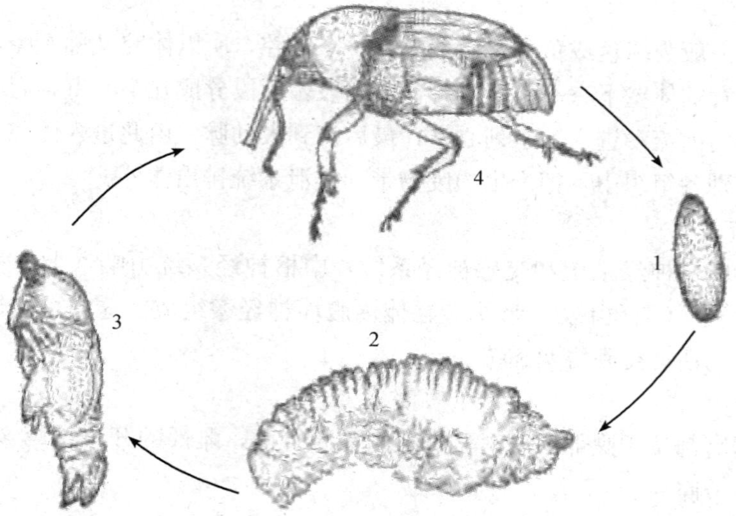

图 3—5 昆虫的完全变态

1. 卵 2. 幼虫 3. 蛹 4. 成虫

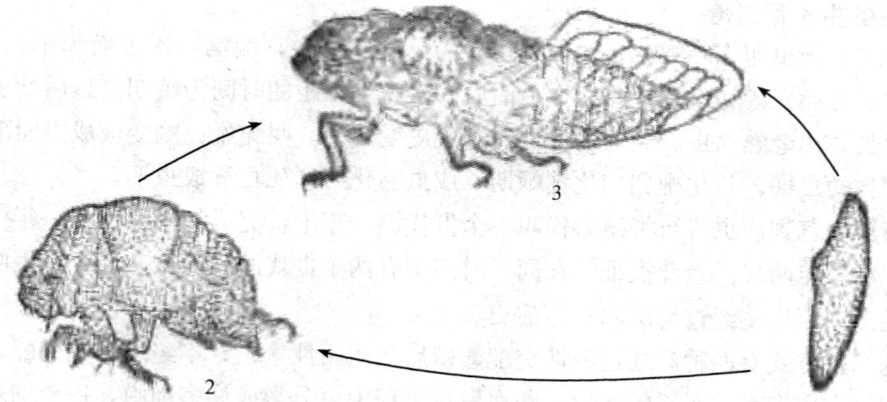

图 3—6 昆虫的不完全变态

1. 卵 2. 若虫 3. 成虫

昆虫种类习性不同。不同的习性主要表现在食性、趋性、假死性、休眠等方面。

（1）食性

食性按食物性质分为三类：以活的植物各个部位为食，叫植食性，这些昆虫大部分是农林害虫；以其他昆虫为食，叫肉食性，如瓢虫等；以植物的残余物或动物的尸体和粪便为食，叫腐食性，如部分金龟子。按吃食物的种类多寡也可分为三类：以一种植物或动物为食的叫单食性，如水稻三化螟；以少数相近的植物为食的，叫寡食性，如竹蝗、油茶毒蛾；以多种不同植物或动物为食的，叫多食性，如刺蛾等。

（2）趋性

趋性指昆虫对外界某些刺激物，如光、温度和某些化学物质等有趋向或远离的反应特征。其趋向的特性叫正趋性；远离的特性叫负趋性。可利用昆虫的趋性来防治害虫。

（3）假死性

假死性指某些昆虫在活动时遇到外界刺激时，立即作出假死的反应特征。可利用这种假死性，进行人工捕杀。

（4）休眠

休眠是昆虫在不同虫期，由于低温、光周期变化、食料不足、干燥等引起临时不食不动、停止发育的现象，在冬季的休眠叫越冬，在夏季的休眠叫越夏。以光周期变化为主引起的休眠称滞育，以温度变化为主引起的休眠称停育。昆虫休眠时，对外界不良环境抵抗力较强，但也是害虫生活中的薄弱环节，人们可以利用害虫休眠的机会，集中歼灭。

此外，昆虫还有某些本能活动。有些昆虫老熟后吐丝结茧，保护未来的蛹；“社会”性昆虫如白蚁、蜜蜂等，组织严密，分工明确，营群体生活。

五、昆虫的分类

昆虫属节肢动物门昆虫纲，估计全世界有100万种，我国15万种。为了便于正确认识、控制、利用昆虫，为生产服务，昆虫学家根据昆虫外部形态上的差异和各方面的性状，共分33个目，与林业有关的主要有8个目。

1. 等翅目

通称白蚁。全世界已知约3 000种，主要分布于热带。小至中型，白色柔软；咀嚼式口器；通常有复眼和单眼；触角念珠状；有翅型有2对翅，膜质、长形，前后翅大小形态和脉序都很相似，故称等翅目。尾须短。不完全变态。多型社会性昆虫，蚁王、蚁后、生殖蚁为生殖型，司繁殖；兵蚁、工蚁为非生殖型，兵蚁司保卫、战斗和搜索等，工蚁司采食、保育、筑巢等。按其栖息场所分木栖、地栖和地木两栖三类。

鼻白蚁科。头部有额腺，前胸背板平坦，前翅鳞大于后翅鳞，翅膜有网纹。土木栖性如家白蚁。

白蚁科。头有额腺，前胸背板马鞍形，前后翅鳞大小相似，翅膜无网纹，土栖性。如黑翅土白蚁和黄翅大白蚁。

2. 直翅目

直翅目如蝗虫、蟋蟀等。全世界25 000多种，我国2 360种。前翅革质，称覆翅；后翅膜质，静止时扇形折叠，置于前翅之下。下口式，咀嚼式口器。后足为跳跃足。不完全变态。

蝗科。触角短于体长，腹听器，跗节3节。产卵器凿状，卵产在土中，如竹蝗。

蝼蛄科。触角短，前足粗壮，胫节宽扁，具有四个大形齿，跗节3节，产卵器不外露，如华北蝼蛄。

3. 半翅目

如蝽象、蝉、叶蝉、飞虱、木虱、粉虱、蚜虫、介壳虫等。全世界92 000多种，我国近9 000种。体长1.5～100毫米，前翅为半鞘翅，刺吸式口器，复眼发达。不完全变态。

蝽科。触角5节，少数4节，小盾片三角形，很少盖住腹部，大部分前翅外露，前胸背板无刺，如黄斑蝽象、方斑蝽象。

网蝽科。头部和前胸背板及前翅有网状纹，触角4节，第3节最长，如樟网蝽。

蝉科。体大，单眼3个，前足腿节膨大，雄虫具发音器，如黑蚱蝉。

叶蝉科。体小，后足胫节具二排细刺，善跳，常横走，如一点叶蝉、黑尾叶蝉。

飞虱科。后足胫节末端具一个大而可动的距，如褐稻虱。

蚜科。体小，附节2节，腹部第6节背侧具一对腹管，如桔蚜、桃蚜。

介壳虫科。雄虫翅1对，口器退化，雌虫无翅，呈球形，体被蜡或介壳，跗节1节。若虫爬行。如松干蚧、紫胶虫、白蜡虫。

4. 鞘翅目

鞘翅目如甲虫，全世界35万种以上。体长一般5～50毫米。前翅鞘质，无飞行能力。咀嚼式口器。幼虫足3对或退化。完全变态。

吉丁虫科。前胸腹板突嵌入中胸腹板的槽里，前胸不能动，前胸背板后缘两侧角后不延伸，跗节5节。幼虫前胸膨大，足退化。如白蜡窄吉丁。

瓢虫科。体半球形，触角棒状，下颚须发达呈斧状，附节3节。植物食性的多毛，无光泽，肉食性的无毛，有光泽。如七星瓢虫、澳洲瓢虫。

天牛科。体筒形，触角鞭状，长于身体的1/2。复眼肾形环绕触角，或分裂为二。跗节4节。幼虫足退化，蛀干。如粗鞘双条杉天牛、星天牛等。

金龟子科。前胸大，触角鳃叶状，紧合，跗节5节。幼虫称蛴螬，危害植物根。成虫食叶。如铜绿金龟子，日本丽金龟。

长蠹科。体圆筒形，头被前胸包住，触角棒状，末端3节膨大。幼虫胸部大，头缩入，蛀竹材。如竹长蠹。

粉蠹科。体长而扁，头不被前胸包住，触角棒状，末端两节膨大。幼虫蛀木、竹材。如鳞毛粉蠹。

象甲科。头额延伸成喙状，外咽缝合一，幼虫足退化。如稻水象甲、沟眶象。

5. 鳞翅目

鳞翅目如蝶、蛾。全世界16万多种，我国已知有9 000多种。体长3～77毫米，展翅3～265毫米。虹吸式口器。前后翅膜质，覆盖鳞片。中脉特化为中室。蛾类触角丝状或羽毛状，多为夜间活动。蝶类白天活动，静止时双翅竖起，触角球杆状。幼虫，咀嚼式口器，前、中、后胸各一对足，前胸两侧各具1个气门，腹部10节，除3对胸足外，还有2～5对腹足。蛹为被蛹。

潜蛾科。体小，翅狭长，缘毛极长。触角第1节宽，下面凹入，形成眼罩。幼虫足退化，前口式，潜叶为害。如桃潜蛾。

卷蛾科。体小，静止时呈针罩状，前翅生于中室中部附近，翅方形，肩角突出。幼虫前胸有毛3根。如茶长卷蛾、棉褐带卷蛾。

小卷蛾科。前翅生于中室中部附近，前缘有明暗相间的钩状纹；后翅上有栉状毛。幼虫前胸有毛3根。如杉梢小卷蛾。

螟蛾科。下唇须发达上翘，后翅并持至中室外方分开。幼虫前胸有毛2根。如松梢螟、竹螟。

刺蛾科。体小至中，粗壮，鳞片厚。口器退化。中室残存翅脉。幼虫头缩入前胸，体扁长，具枝刺，足退化。如黄刺蛾、中国绿刺蛾。

斑蛾科。体中至大。口器发达。翅鳞片薄，透明，中室残存中脉。幼虫具毛疣，上长刚毛，呈放射状，前胸常盖住头部。如梨星毛虫、茶斑蛾。

袋蛾科。雌无翅，足退化，似幼虫。雄翅发达，口器退化，中室具中脉及副室，鳞片薄。幼虫生活于袋中，傍晚取食。如大袋蛾、茶袋蛾、油桐袋蛾。

灯蛾科。体中型，口器发达，腹部常为红色或黄色，具深色纹或点。如花布灯蛾、美国白蛾。

夜蛾科。体中至大，口器发达，花纹复杂，色深，后翅花纹简单，色浅。幼虫腹足可5、4、3对。如竹笋夜蛾、臭椿皮蛾、小地老虎。

毒蛾科。体中至大，口器退化，前足多毛。幼虫第6、7节背中央有翻缩腺。如茶毒蛾、乌毒蛾、舞毒蛾。

舟蛾科。体中型，多呈灰色，浅褐色或淡黄色。幼虫受惊常头和尾上翘。如杨扇舟蛾、双尾舟蛾。

尺蛾科。体中至大，口器发达，翅大而薄，腹部瘦小，栖息时四翅平展。幼虫腹部第6、第10节各一对足，行走时，似尺量物。如油桐尺蠖、油茶尺蠖。

枯叶蛾科。体大，口器退化。翅鳞片厚，后翅肩角发达，无翅缰。体多为褐色、灰色。幼虫体两侧刚毛特长。如马尾松毛虫、油茶毛虫。

天蛾科。体中至大，触角前端有小钩。前翅狭长。外缘斜削，后缘梢凹入，后翅小。展翅后似喷气式飞机。幼虫腹部第8节有角突。蛹触角外露。如柳天蛾、女贞天蛾。

弄蝶科。体中型，暗色，头宽，触角相距远，末端有小钩。幼虫头、腹大，胸小。如稻苞虫。

凤蝶科。体大，美丽。后翅常有尾突。幼虫前胸背具丫形腺。如柑橘凤蝶，黄凤蝶、玉带凤蝶。

粉蝶科。体中型，爪分裂。幼虫多短次生刚毛，似绒毛。如黑脉粉蝶、山楂粉蝶。

6. 双翅目

双翅目如蚊、蝇、虻。全世界120 000多种。体长5～20毫米，触角环毛状（蚊）、具芒状（蝇）、刺状（虻），口器为刺吸式（蚊）、舐吸式（蝇）、刮吸式（虻）。翅1对，后翅退化成平衡棍。幼虫的头明显（蚊、虻）或不明显（蝇）。完全变态。

寄蝇科。多刚毛，尤以腹末多。中胸后盾片发达，下侧片有一列刚毛。幼虫多寄生鳞翅目、鞘翅目、直翅目幼虫体内。如狭颊寄蝇。

食蚜蝇科。大小似家蝇，外形似蜂。飞翔时，能在空中静止不移，而又忽然突进。幼虫捕食蚜虫、介壳虫、粉虱、叶蝉等。如黑带食蚜蝇。

花蝇科。体小至中型，细长而多毛，如竹笋泉蝇、灰地种蝇。

7. 膜翅目

膜翅目如蜂、蚁，全世界12万种，我国已知约8 600种。体长0.21～50毫米，口器咀嚼式或嚼吸式，触角丝状、膝状。翅膜质，透明，后翅具刺钩刺。完全变态。幼虫胸足有（广腰亚目）或无（细腰亚目）。离蛹。食植性或寄生。社会性昆虫。

叶蜂科。触角7～10节，前翅1～2个缘室，产卵器锯状。幼虫腹足8对，无趾钩。如樟叶蜂等。

姬蜂科。体大，前翅2回脉，3盘室，幼虫单寄生。如就螟蛉悬茧姬蜂等。

小茧蜂科。体长2～12毫米，前翅1回脉，2盘室。幼虫多寄生，如柄腹小蜂。

小蜂科。体长3～7毫米。腿节发达，有锯齿。寄生于鳞翅目、双翅目的幼虫和蛹上。如广大腿小蜂。

金小蜂科。体长1～2毫米，有金属光泽，触角13节，盾侧沟不完全。如蝶蛹金小蜂。

瘿蜂科。体长1～6毫米。翅脉较多，有封闭的翅室，腹竖扁。如栗瘿蜂。

肿腿蜂科。体小，似黑蚂蚁。前足腿节肿大。如哈氏肿腿蜂。

蚁科。胸、腹部连续处的第1或第1、2节形成结节，触角多为膝状。社会性昆虫。如入侵红火蚁和黄猄蚁。

六、森林昆虫与环境的关系

1. 昆虫与非生物因素的关系

（1）温度

昆虫是变温动物，其体温随环境温度而异。符合昆虫发育的温度范围称适宜温度，一般在为10～40℃。在适宜温度范围内还有最适温度，一般为25～35℃。适宜温度的上限和下限分别叫高温停育点和发育起点。当温度在停育点以上与发育起点以下时，昆虫失去活动能力，进行夏眠或冬眠，但不至死亡，当温度回复到适宜范围时，又恢复活动。如果温度超过忍受范围就会死亡。

温度是决定害虫发育阶段的速度和世代的重要因素，在一定范围内，温度的高低与发育的快慢成正比。

（2）湿度

水对昆虫的消化、循环、排泄、吸收等均起重要作用。昆虫体内的水分除从吃取食物、吮吸露水和本身代谢中获得外，大气湿度也直接关系到虫体水分平衡，同时昆虫体内水分的蒸发也影响到体温。

湿度的高低对昆虫的发育和数量也有很大影响。没有一定的湿度，就不能完成发育。同时温度和湿度的综合作用，通过树木、土壤和天气对昆虫数量消长产生间接作用。低温高湿可使昆虫营养不良，影响发育；潮湿的环境容易引起昆虫疾病流行而大量死亡。一般来说，温暖干燥的气候对昆虫有利，常导致虫害发生。

（3）光

不同种昆虫，对光的反应和适应不同。习惯弱光的昆虫在强光下活动和繁殖受抑制；习惯强光的昆虫，如果光照变弱，其活动和繁殖也受到抑制。傍晚或夜间活动的昆虫，一般对灯光有正趋性。昆虫的视觉偏于短波光。光周期的变化能引起许多昆虫滞育。同时光和温度有密切的关系，间接影响昆虫。

（4）风

风可把昆虫吹散扩大其分布和为害。有些昆虫在微风下活动频繁，在大风下静伏不动。遇特大的风常被吹落地面、水中，引起死亡。风还能影响大气湿度，影响昆虫体温和体内的水分平衡。

（5）土壤

有些昆虫如白蚁、蝼蛄、蟋蟀等终生栖居土中；有些昆虫如金龟子、蝗虫等有一个或几个虫期在土中发育。土壤过干对害虫发育不利，过湿引起卵、蛹等的死亡。土壤的理化性质等，同样影响昆虫生活，如金龟子喜欢生活在中性或微酸性土壤中。同时气候对地下害虫的影响是通过土壤进行的。

2. 昆虫与生物因素的关系

（1）食物

食物是昆虫发育、生殖和生存的必要条件，同时昆虫只能利用植物和其他动物所制成的有机质作为自己的食物，其充足与否对昆虫的发育和数量消长有显著影响。当食料不足或完全缺乏时，就会影响其正常发育。各种昆虫对食物有不同的适应性和选择，但是某些食性较专的种类，有可能改吃其平时不吃的食物，从而引起食性的改变。

（2）天敌

害虫的天然敌害称天敌。森林中，害虫危害林木，天敌抑制害虫，天敌在抑制害虫种群数量上有十分重要的作用。

森林害虫天敌有如下种类：①食虫性昆虫。又分寄生性和捕食性两类，前者如寄生蜂和寄生蝇；后者如瓢虫、螳螂和蚂蚁等。②食虫性动物。如鸟类、青蛙、蜥蜴、蜘蛛等都能大量捕食害虫。③病原微生物。包括真菌、细菌、立克次体、病毒、原生动物、线虫及苏云金杆菌、白僵菌、多角体病毒等已有效地用来防治害虫。

上述气候、土壤、食料、天敌等各类环境因素不是孤立地影响昆虫，而是综合地发挥作用。但是在不同的时间、地点和条件下必有影响害虫数量消长的主要因子，进而采取相应的措施，才会获得事半功倍的效果。

七、森林害虫的防治技术

1. 化学杀虫剂防治害虫

按杀虫剂对昆虫的毒性和作用方式分为：触杀剂、胃毒剂、熏蒸剂、内吸剂、拒食剂、忌避剂、引诱剂。

2. 生物农药防治害虫

防治虫害的生物农药包括植物性杀虫剂和微生物杀虫剂，有关具体内容详见第一章第三节农药的使用技术。

3. 人工诱捕害虫

（1）直接捕杀

利用人工或各种简单的器械捕捉或直接消灭害虫的方法称捕杀法。人工捕杀适合于具有假死性、群集性易于捕捉的害虫，如多数金龟甲、象甲的成虫具有假死性，可在清晨或傍晚将其振落杀死。此方法的优点是不污染环境，不伤害天敌，不需防治设备，便于开展群众性的防治。缺点是工效低，费用高。

（2）灯光诱杀

利用昆虫对光的趋性，人为设置灯光诱杀害虫的防治方法称为灯光诱杀。大多数昆虫具有较强的趋光性，所以，生产上采用黑光灯来诱杀害虫。黑光灯与一般照明的荧光灯相似，但灯管内壁的所涂光粉不同，一般为磷涂层。灯光诱集通常在夜间闷热的天气效果最好。利用黑光灯诱虫，诱集面积大，成本低，能消灭大量虫源，降低下一代虫口密度，还可用于害虫种类、分布和虫口密度调查和预测预报。由于许多天敌昆虫也有趋光性而被杀死，同时使光源附近的害虫虫口密度增大，因此，在诱虫灯附近地块应采取适当的补救措施。

（3）食物诱杀

1）毒饵诱杀，利用害虫的趋化性，在其所喜欢的食物中掺入适量毒剂来诱杀害虫，如蝼蛄、地老虎等地下害虫，可用麦麸、谷糠等作饵料，掺入适量敌百虫、辛硫磷等药剂制成毒饵来诱杀。

2）植物诱杀，利用害虫对某些植物有特殊的嗜食习性，人为种植此种植物诱集捕杀害虫的方法，如在苗圃周围种蓖麻可使金龟甲误食后麻醉，然后集中捕杀。

3）植物性引诱剂诱杀，利用植物释放的挥发性物质成分吸引成虫前来取食或产卵的机制，人工合成加工配制成植物性引诱剂，并在林间挂放，引诱成虫落入诱捕器中，达到诱杀成虫的目的，如 A-3 型松墨天牛引诱剂和 YM-1 型松墨天牛引诱剂，施入松树活立木或濒死木上，可引诱松墨天牛成虫前来取食和产卵，然后集中捕杀。

【思考与练习】

1. 森林昆虫主要包括哪些目？
2. 森林昆虫常见的口器类型有哪些？
3. 鳞翅目的蝶类和蛾类如何区别？
4. 林业常用化学杀虫剂有哪几类？
5. 林业常用生物杀虫剂有哪几类？
6. 人工诱捕害虫有哪些方法？

第二节　苗木和种实害虫防治

苗木和种实是林业生产中最主要的繁殖材料，在造林绿化中起着重要作用，因此，苗木和种实的害虫防治很关键。

一、林木苗木害虫（苗圃害虫）

1. 金龟子类

金龟子类属鞘翅目金龟子科，幼虫又称蛴螬，栖息在土壤中。幼虫取食萌发的林木种子，造成缺苗；咬食幼苗的根或根茎部，轻者造成地上部叶片发黄，影响幼苗生长，重者将根茎处皮层环食，使植株死亡。由于蛴螬口器上颚强大坚硬，故咬断部位呈刀切状。成虫也可吞食花、叶、芽和嫩茎，喜食豆科植物。不同虫种，其地理分布、危害特点和发生规律均不相同；同一虫种在不同地区的发生规律也有差异；同一地区也可有几个虫种混合发生，给防治带来一定的难度。

（1）东北大黑鳃金龟

1）分布：以北方为主，内蒙古，黑龙江。

2）寄主及危害：杨、柳、榆等多种阔叶树种和果树，幼虫也可以危害针叶树的根部。

3）形态特征：成虫，前足为开掘足，胫节外侧有 3 个齿，每个鞘翅上有 3 条纵隆线。

幼虫，头部两侧有前顶刚毛，每侧 3 根；腹部末端占腹面末端 1/3 有许多钩状的刚毛群。

4）生活史及习性：东北和华北地区 2 年 1 代，在黑龙江 70%为 3 年 1 代，30%为 2 年 1 代。以成虫和 2～3 龄幼虫在土中越冬。幼虫和成虫是交替发生的，奇数年成虫大发生，偶数年幼虫大发生。

（2）灰粉鳃金龟

1）分布：东北、华北、河南。

2）寄主及危害：多种针、阔叶树。

3）形态特征：身体为棕色，上有扑粉状的磷粉。

4）生活史及习性：东北3～4年1代，以成虫为主，在土中越冬，第二年5月末出土。

（3）黑绒金龟

1）分布：东北、西北、华北，国外朝鲜、日本、蒙古、俄罗斯。

2）寄主及危害：主要以成虫危害苗木嫩枝、嫩叶、嫩芽。

3）形态特征：成虫有黑色型和棕色型两种，黄豆粒大小，体黑色或棕色，鞘翅上有许多刻点、绒毛。

4）生活史及习性：1年1代，以成虫在枯枝落叶层中越冬。经常集聚在苗木下面取食叶片；白天躲在土壤中，晚上出来危害；成虫具有趋光性和假死性。

（4）金龟子类的防治方法

金龟子类的苗圃害虫防治方法，见表3—3。

表3—3 金龟子类的防治方法

防治方法	具体做法：
林业措施	①充分使用经过腐熟的粪肥作底肥 ②在苗圃地要及时清草和适时灌水，利用金龟子不耐水淹的特点，适时灌水对初龄幼虫有一定的防治效果
人工捕杀	利用成虫的假死习性，在盛发期，人工捕杀成虫
灯光诱杀	一些成虫有较强的趋光性，在羽化期利用灯光诱杀
化学防治	苗木播种之前可以进行土壤消毒
生物防治	①日本金龟子芽孢杆菌 ②土壤线虫

2. 蝼蛄类

蝼蛄属直翅目蝼蛄科，俗称地狗、土狗子等。我国有4种，分别为东方蝼蛄、华北蝼蛄、普通蝼蛄和台湾蝼蛄。现介绍最常见的两种，即东方蝼蛄和华北蝼蛄。

（1）东方蝼蛄

1）分布：全国各地。

2）寄主及危害：蝼蛄食性很杂，可危害多种幼树。

3）形态特征：体长30毫米左右，后足胫节外侧有3～4个棘刺（关节能活动），腹部近椭圆形，前足胫节外侧直的无缺刻。

4）生活史及习性：东方蝼蛄2年1代，幼虫有6个龄期，昼伏夜出，有很强的趋光性，有趋湿性（喜欢湿的地方），喜欢香甜物质（如黄豆、麦麸），喜欢马粪物质。

（2）华北蝼蛄

1）分布：分布在华北，东北南部，西北。

2）寄主及危害：蝼蛄食性很杂，可危害多种幼树。

3）形态特征：体长 40 毫米左右，后足胫节外侧有 0～1 个棘刺，腹部为近圆柱形，在前足胫节外缘有缺刻。

4）生活史及习性：华北蝼蛄 3 年 1 代，幼虫有 13 个龄期。昼伏夜出，有很强的趋光性，有趋湿性（喜欢湿的地方），喜欢香甜物质（如黄豆、麦麸），喜欢马粪物质。

（3）蝼蛄类防治方法

1）毒饵诱杀：用 90％晶体敌百虫 50 克，加水 250 克，溶解后喷到 1 000 克麦麸上，拌成毒饵，傍晚撒于苗床，每亩 1 000～1 500 克。

2）人工挖掘：春季挖窝灭虫，夏季挖窝灭卵。

3）马粪、鲜草诱杀：在苗圃地，每隔 20 米左右挖一小坑，然后将马粪或带水的鲜草放入坑内，虫诱入后，白天集中捕杀。在坑内加放毒饵，也可以起到诱杀作用。

4）高压电网、灭虫灯等诱杀。

3. 地老虎类

地老虎属鳞翅目夜蛾科。我国有 4 种，小地老虎、黄地老虎、大地老虎、八字地老虎。现介绍两种最常见的地老虎：小地老虎和大地老虎。

（1）小地老虎

1）分布：全国各地。

2）寄主及危害：植物 100 多种，也是农业上重要害虫，危害方式是切根，以幼虫钻到地面上来，也叫切根虫。

3）形态特征：肾状纹的外侧有一个尖端向外的三角形黑斑，亚外缘有两个尖端向内的三角形黑斑；幼虫腹部各节背面有 4 个毛片（前两个小，后两个大）。

4）生活史及习性：从南到北发生代数越来越少，北方 2～3 代，南方 4～5 代，危害在 3 月下旬至 4 月份。成虫春季出现，白天在粪土、枯枝落叶中，晚上出来活动。成虫有很强的趋光性，趋化性（糖、酒、醋）。产卵在杂草上，幼虫的龄期一般为 6 龄，少数有 7～8 龄或 1～2 龄，幼虫经常群居在苗木周围取食（昼夜取食），到 3 龄以后分散取食（晚上出来）。

（2）大地老虎

1）分布：全国各地，以长江流域最严重，经常和小地老虎一起发生。

2）寄主及危害：地老虎食性杂，各种林木、果树、蔬菜的幼苗都可以危害。

3）形态特征：与小地老虎相比，肾状纹的外侧有一个不规则的黑色斑；幼虫腹部背面也有 4 个毛片。

4）生活史及习性：1 年 1 代，以幼龄虫在土中越冬。

（3）地老虎类的防治方法

1）加强苗圃管理，将苗木周围杂草清除干净。

2）堆草诱杀：在播种前或幼苗出土前，以柔嫩多汁的新鲜杂草 10 千克拌 90％敌百虫 50 克配置成毒饵，于傍晚撒布地面，诱杀 3 龄以上幼虫。

3）幼虫危害盛期用水淹或是喷洒各种药剂（最好在3龄以前）。

4）根据趋化性来设计引诱物质（用糖6份，醋3份，白酒1份，水10份，90%敌百虫药剂1份）。

5）用50%辛硫磷0.5千克掺土2.5～3.0千克撒布在苗木行间，随即浅锄，或直接喷于苗木或地面，杀虫效果很好。

4. 象甲类

象甲类属鞘翅目象甲科，统称象甲虫。小至大型，体坚硬，头部前方延长成象鼻状；触角多棒状及膝状，末端膨大为锤状；有假死性。幼虫多为黄白色，体肥胖而弯曲，多皱褶；头部发达；无足型。蛀干象甲幼虫在韧皮部环绕树干蛀食，蛀道深入木质部及髓部，切断树木输导组织，轻者枝梢干枯、风折，重者整株死亡。

（1）大灰象甲

1）分布：北方地区，东北三省，内蒙。

2）寄主及危害：寄主广、杂。危害100多种植物，主要以成虫在苗圃地上部分危害，成虫啃食幼苗。

3）形态特征：喙粗短，喙先端有三角形的缺刻，每个鞘翅上有近环状的灰色纹。

4）生活史及习性：在辽南2年1代，以成虫或幼虫越冬，成虫也经常群聚取食，昼伏夜出，有假死性，产卵在叶片上（用足将叶片对折，将卵产在里面）。

5）防治方法：①以成虫时期进行防治，春天4—5月份成虫危害盛期，在受害重的田块四周挖封锁沟，沟宽、深各40厘米，内放新鲜或腐败的杂草诱集成虫集中杀死。②用50%辛硫磷乳油0.5千克，加细土15～20千克拌成毒土，撒在桑苗四周。③成虫为害期向幼树上喷洒50%辛硫磷乳油1 300倍液或50%马拉硫磷乳油1 200倍液、4.5%高效顺式氯氰菊酯乳油2 000～3 000倍、48%乐斯本（毒死蜱）乳油1 500倍液。

（2）蒙古土象（也叫蒙古象甲）

1）分布：北方地区，黑龙江、吉林、辽宁。

2）寄主及危害：寄主较杂，成虫咬食各种植物的叶片。

3）形态特征：鞘翅上有10条刻点列，鳞片褐色，深褐色。

4）生活史及习性：辽宁2年1代，以成虫或幼虫在土上越冬，成虫有群居性，假死性，产卵在地上土表上散产。

5）防治方法：参考大灰象甲防治方法。

二、林木种实害虫

1. 种蝇类

种蝇类害虫危害落叶松的种子、危害落叶松。落叶松球果种蝇和贝加尔球果种蝇危害优势种；炭色球果种蝇，危害云杉；黑胸球果种蝇、稀球果种蝇危害落叶松种子。下面重点以落叶松球果种蝇为例，讲解其防治技术。

(1) 分布：东北小兴安岭和山西林区。

(2) 寄主及危害：危害落叶松球果和种子。

(3) 形态特征：体长3.5毫米，体黑色，体上有很多粗的刚毛，腹部较扁。雌性的两个复眼是分开的，相距较远；雄性的两个复眼连接几乎靠近。

(4) 生活史及习性：大小兴安岭1年1代，以蛹在枯枝落叶层里越冬，幼虫在果球里越冬，5月中旬开始羽化，飞到树上产卵，包鳞打开，正常情况下一粒种子有一粒卵，在土里面有滞育现象。

(5) 防治方法

1) 加强预测预报。早春（4月下旬）在林子里边，树冠投影范围之内，在表土层广泛挖掘。将蛹放在笼子里面，看其羽化高峰，定防治时间。根据温度，如果连续三天平均温度8℃以上，花蝇肯定开始羽化。若这种状态再连续三天，则已达到高峰，开始防治了。凭借经验，根据物候预测，白头翁盛开的时候，此时花蝇开始羽化。

2) 具体防治。营林措施：母树林、种子园加强管理，林内的卫生，地表经常翻一翻土，打一打药。食物引诱：糖：醋：酒：水＝4：1：1：20，药剂少放点。飞机防治：大面积林地喷洒化学药剂，成虫羽化盛期。产卵盛期。早春进行防治。烟剂防治：技术要求比较高，适用于母树林，成虫羽化盛期进行防治；黄色粘铺板：视觉诱杀（黄色）。

2. 小蛾类（螟蛾类、小卷蛾）

小蛾类属于鳞翅目，包括螟蛾类、小卷蛾，主要危害油松。

(1) 松梢螟

1) 分布：全国范围，辽宁比较重。

2) 寄主及危害：寄主主要为樟子松、马尾松、湿地松等松树。幼虫进入嫩梢髓心，成螺旋状蛀梢，嫩梢失去养分水分供应，萎蔫下垂成倒挂状，时间一久，顶梢折断，高生长受损，严重影响树木的健康生长，若是危害幼林，可造成整株死亡。

3) 形态特征：成虫，小型，体灰色，前翅灰褐色，有3条波状的白色纹（内、中、外横线上各一条），中室的白斑明显。

4) 生活史及习性：北方1年1代，以幼虫在松梢坑道内越冬，在梢内化蛹，5月下旬开始羽化，产卵产在针叶上或果球上。若产卵产在果上，则幼虫在果球内越冬，老熟后转移到梢上危害。

5) 防治方法：①在人工造林中，多造混交林，特别是大量营造针阔混交林。人工造林与天然次生林混交预防病虫害的效果更佳。对已郁闭成林，密度过大，通风透光条件不好的林分，应及时进行抚育，可以采取修枝、间伐等措施，彻底清除枯死木、风折木、长势弱的林木，保持良好的林内卫生状况。②营造抗性树种，对松梢螟危害较重的地区，尽量少造或不造樟子松，选择三大硬阔等抗性强的树种造林。③用敌放畏乳油、黄土、红油漆、柴油混合配成毒泥堵孔，于春夏两季进行，在松梢螟危害口处，用毒泥堵孔。毒泥的配制方法是，按黄土、柴油、敌敌畏、红油漆 5∶3∶1∶1 的比例配制。根据松梢螟发生面积，确定毒泥配制数量，随配制随使用，避免产生积压的现象。④利用敌敌畏乳油、乐果等杀虫剂，按规定剂量调制，用动力喷雾器进行喷雾。对发生面积较大的地区，可以采用飞机喷药，效果明显。

（2）油松球果螟

1）分布：河南、河北、辽宁、陕西。

2）寄主及危害：寄主为油松。被害的当年生球果提前枯落不能成熟，先年生球果多干缩枯死无籽粒。当年生嫩梢受害后常枯枝秃顶，继而干形弯曲，不能长成良材，严重影响了油松的结实和正常生长。

3）形态特征：前翅赤褐色，横线银灰色，中室白斑不明显。

4）生活史及习性：1 年 1 代，以老龄幼虫越冬，以危害球果为主。若危害嫩梢的时候，可以转移到球果上。产卵产在松梢部的嫩皮、皮缝上，喜光。

5）防治方法：①幼虫危害初期可用木杆敲击树枝，以震落幼虫，再集中消灭；种子园及母树林秋季采种时捡出有害球果，加以烧毁。②应用 25%复方苏云金杆菌（Bt）乳剂喷杀幼虫；卵期释放赤眼蜂，每亩 3 万～5 万头，以抑制其发生。③保护利用自然天敌松毛虫赤眼蜂、姬蜂、小茧蜂、蚂蚁、鸟类等。④应用 40%乐果乳油、50%杀螟松乳油、2.5%敌百虫粉剂、2.5%溴氰菊酯乳油、80% 敌敌畏乳油毒杀幼虫、应用灭幼脲Ⅰ-Ⅲ分别稀释喷杀幼虫、应用 0.2%硫酸烟碱或鱼藤粉毒杀幼虫、喷雾 4.5%高效氯氰菊酯乳油常规喷雾。

（3）油松球果小卷蛾

1）分布：陕西、甘肃、河南、四川、贵州、江苏、浙江、江西、安徽、广东等地区。

2）寄主及危害：寄主为油松等多种松树及冷杉、云杉等。幼虫危害球果和种子，被害球果弯曲、出脂，落果后果鳞常不开张。

3）形态特征：前翅有灰褐色、赤黑褐色的绒毛组成不规则的斑纹。

4）生活史及习性：1 年 1 代，以蛹在枯枝落叶层越冬。

5）防治方法：①加强检疫。②冬季剪除被害枯梢，生长季节及时剪除被害梢。③成虫羽化期中可用黑光灯诱杀。④卵期释放赤眼蜂，每亩 3～5 万头，以抑制油松球果小卷蛾。⑤可用 40%氧化乐果乳油、50%敌敌畏乳油、50%杀螟松乳油、2.5%溴氰菊酯常规喷雾。

3. 象甲类（实象）

象甲类种子害虫主要包括鞘翅目象甲科的一些种类，此类害虫主要危害栎树、榛类及樟子松球果或果实。主要种类包括象甲科的樟子松球果象甲、象甲科的柞栎实象、榛实象。

（1）樟子松球果象甲

1）分布：内蒙古大兴安岭山地和呼伦贝尔草原沙地樟子松自然分布区内，在国外分布于苏联的西伯利亚和欧洲的北部、中部。

2）寄主及危害：寄主为樟子松，危害樟子松球果。

3）形态特征：鞘翅上有两条横带，前一个横带比较窄，不明显，后一个横带比较宽，外侧橙黄色内侧白色。

4）生活史及习性：1年1代，以成虫在树皮缝里越冬，第二年春6月上旬开始在球果鳞片里产卵，在果实里边取食，8月上旬又出现新的成虫。

5）防治方法：①利用曲姬蜂人工生物防治樟子松球果象甲。该寄生蜂寄生于樟子松球果象甲幼虫，曲姬蜂对樟子松球果象甲寄生率高，对象甲的繁殖有明显的抑制作用。每年的7月20日至8月10日开始收集落地被害果（象甲没羽化之前）用铁沙笼分层装好，通风防止湿度大腐烂，待象甲全部羽化后集中消灭，把含有曲姬蜂的虫果进行人工保护越冬待翌年5月上旬，将含有曲姬蜂的虫果分别释放到采种林基地。②1%苦参碱可溶性液剂800倍液和0.5%藜芦碱可溶性粉剂500倍液防治，室内和林间防治效果均达到90%以上。③用烟剂薰杀或用粉剂喷撒树冠。

（2）柞栎实象

1）分布：东北、河北、江苏、山东、四川等省。

2）危害：主要危害各种栎树的种实。

3）形态特征：喙很长向下弯曲，整个身体红褐色，胸部有3条浅色的纵纹。

4）生活史：1年1代，以老熟幼虫在深土里越冬，春天变成蛹，5—6月成虫出来。

5）防治方法：①温水浸种。将种子放进55℃温水中浸泡10分钟，或在50℃的温水种浸泡15分钟。②二硫化碳熏蒸。将种子放密室内或密封容器内，在温度25℃以下用二硫化碳30毫升/立方米处理20小时，杀虫率在95%以上，对种子发芽无影响。也可用溴甲烷蒸熏，当气温在23℃时用药37.4克/立方米，熏蒸40小时，杀虫率可达100%。③成虫盛发期可用90%敌百虫喷杀。④幼虫未爬出栎实前，收集并清除早期脱落的栎实。杀虫率很高，且不影响种子发芽，浸种后2天阴干后才能储藏。

（3）榛实象

1）分布：北京、辽宁、吉林、黑龙江、河北等地。

2）寄主及危害：寄主为榛子及毛榛子。以成虫取食嫩芽、嫩枝，使嫩叶呈针孔状，嫩芽残缺不全，嫩枝折断。

3）形态特征：体长6～8毫米，宽3～3.6毫米。榛实象黑色，被灰黄色鳞毛。头部半球形。基侧有大而圆形的黑色复眼。头管细长，向下弯曲，触角膝状，柄节细长，鞭节由7节组成。

4）生活史及习性：该害虫在辽宁2年1代，少数3年1代。2年1代经历3个年度。以老熟幼虫及成虫在土中越冬；越冬成虫于第二年5月上旬出土开始在枯枝落叶层下活动，5月中旬成虫上树活动，并开始取食嫩叶，5月下旬成虫进入盛期。6月中下旬为榛子幼果发育期，成虫开始交尾，6月下旬开始产卵于幼果内，7月上中旬为产卵盛期，卵期10～14天，于7月上旬在榛果内孵化成幼虫。7月中下旬为孵化盛期。幼虫在果内取食近一个月左右，则发育成老熟幼虫。8月上旬，当榛果实日趋成熟时，老熟幼虫随果落到地面，脱果后钻入土中20～30厘米处做土室准备越冬，8月中、下旬为入土盛期；第三年，7月上旬开始化蛹，7 月下旬进入化蛹盛期，蛹期半月左右。7 月中旬出现越冬代成虫，8 月上、中旬羽化盛期，新羽化的成虫当年不出土，即转入越冬状态。

5）防治方法：①药剂防治。在成虫产卵前补充营养期及产卵初期，即 5 月中旬到 7 月上旬用 60%的 D-M 合剂，以高浓度 300 倍液毒杀成虫，对榛园进行全面处理，共喷布 2～3 次，间隔时间 15 天，施药量 0.1 千克/亩。用 50%腈松乳剂和 50%氯丹乳剂，以 1∶4 的比例混合用 400 倍液喷洒，毒杀成虫。于幼虫脱果前及虫果脱落期即 7 月下旬至 8 月中旬，在地面上撒 4%D-M 粉剂毒杀脱果幼虫，用药量为 1.5～2 千克/亩。②人工防治措施。即在全面集中采收果实时，集中消灭脱果幼虫。在幼虫未脱果前采摘坚果，然后集中堆放在干净的水泥地面或木板上，幼虫脱果后集中消灭。对于虫果特别严重，产量低已无采收食用价值的，可以提前于 8 月上旬至 8 月下旬采果后，集中消灭。

4. 种实小蜂类

此类害虫主要包括膜翅目的广肩小蜂科的一些种类和长尾小蜂科的大痣小蜂，它们危害种子及球果。其分布随种类和寄主产地不同而异。种类包括刺槐种子小蜂、落叶松种子小蜂、杏仁蜂等。下面以落叶松种子小蜂为例，讲解防治技术。

（1）分布

黑龙江省局部，以大兴安岭为主。

（2）寄主及危害

落叶松的种子。

（3）形态特征

广肩小蜂科，前胸背板呈方形比较长，翅脉非常简单，雌性触角 11 节，雄性 10 节。雌性腹部左右侧扁，呈犁头状。雄性腹部比较长。

（4）生活史及习性

一般来说 1～3 年发生 1 代，有滞育现象，以老熟幼虫在种子里越冬。

（5）防治方法

①熏蒸法，成虫羽化时候施放杀虫烟剂。

②有虫的种子不外调，否则必须进行熏蒸或干燥处理。

【思考与练习】

1. 苗圃害虫发生与周围环境的关系主要包括哪几个方面?
2. 苗圃害虫金龟子类主要防治措施有哪些?
3. 蝼蛄类防治措施主要有哪些?
4. 地老虎类防治措施主要有哪些?
5. 苗圃地上害虫象甲类防治措施主要有哪些?

第三节 顶芽和枝梢害虫防治

顶芽和枝梢害虫主要有蚧类、蚜虫类、蝉类、卷蛾类、象甲类、螟蛾类。

一、蚧类

1. 概述

蚧类属同翅目蚧总科，雌、雄异形，形态非常特化，是昆虫中较奇特的类群。一般为小形，多数种类固定不动，取食植物汁液，同时体表常盖有介壳，或被有各种粉状、绵状等蜡质分泌物。蚧类分布极广，寄主植物种类多，绝大多数为害虫，许多种类是林木、果树、花卉的重要害虫，有些种类是重要的植物检疫对象。

2. 代表种

（1）日本松干蚧

1）分布：日本松干蚧属于同翅目，珠蚧科，分布于吉林、辽宁、山东、安徽、江苏、浙江、上海等省市。

2）寄主及危害：主要危害油松、赤松、马尾松等。日本松干蚧是松树幼树的重要害虫，国内森林植物检疫对象之一。4 年生以下苗木会受害，以 5～15 年生松树受害最重。松树受害后，生长不良，树势衰弱，针叶枯黄，枝梢萎蔫。受害较重的松树，树枝增厚硬化，卷曲翘裂，而引起次期害虫如小蠹、天牛等发生，造成大片松林枯死。

3）形态特征：雌成虫都为椭圆形或卵圆形，约 3～4 毫米长，黄褐色，口器退化，触角 9 节，除了基部 2 节外，其他各节都有鳞纹，第 6～9 节各有一对半透明的感觉刺，胸足 3 对，转节有 1～2 刚毛，有气门（胸部 2 对，腹部 7 对），腹部背面的一些节有背疤，腹部末端腹面有多孔盘腺围绕身体。雄成虫较纤细，触角 10 节，有一对翅，后翅成拟平衡棒，翅面有明显羽状纹，腹面第 8 节有马蹄形的硬片，上有管状腺，能分泌腊丝。

4）生活史及习性：1 年 2 代，以 1 龄固定若虫进行越夏或越冬。

5）防治方法：加强检疫，划分检疫区和保护区；营林措施对被害严重，立木密度大的林分应及时实行卫生伐、间伐、营造混交林；保护各种天敌（瓢虫，草蛉）；化学防治，4—5 月份，7—9 月份树干基部涂环（氧化乐果），如水源充足的地方可用石硫合剂喷洒。产卵期喷 200～300 倍液杀螟松来防治。

（2）杨圆蚧

1）分布：我国北部地区。

2）寄主及危害：危害杨、柳树，以杨树为主。若虫吸食枝干养分，使树势变弱，甚至枯死。

3）形态特征：雌成虫体长约1.5毫米，雄成虫体长约1毫米，橙黄色，雌成虫近圆形，体壁韧性，臀板呈杏红色，边缘无臀棘。蚧壳直径约2毫米，灰色，圆形，壳上轮纹明显。眼、足、触角均退化，口器发达。雄成虫有1对透明翅，交尾器狭长，雄介壳长约1～1.5毫米，呈深灰色，椭圆形，有轮纹。

4）生活史及习性：在黑龙江1年1代，以2龄若虫越冬，翌年4月中旬活动，雌成虫于5月中旬开始羽化，6月上旬开始产卵。

5）防治方法：加强检疫；危害严重的树条伐除销毁；化学防治，对初孵若虫用50%杀螟松乳油或25%的亚胺磷乳油喷雾；生物防治，天敌为黄胸扑虱蚜小蜂、长角异鞭蚜小蜂、豹纹花翅蚜小蜂、双带巨角跳小蜂、红点唇瓢虫。

（3）柳蛎蚧

1）分布：东北、内蒙古、宁夏、新疆、河北、山西和甘肃等地。

2）寄主及危害：该虫寄主较多，主要危害杨、柳等树种。

3）形态特征：蚧壳是牡蛎形，褐色，边缘灰白色，雌成虫黄白色，纺锤形。

4）生活史及习性：1年1代，以卵在雌介壳下越冬，在沈阳5月下旬卵开始孵化，6月初为孵化盛期，6月上旬末初孵若虫均已固定于枝干上，并形成介壳，6月下旬至7月中旬成虫羽化，7月下旬开始产卵，直至8月中旬，产卵期50天，产卵量60～110粒。

5）防治方法：卵孵化期用40%氧化乐果刮皮涂环。

（4）松突圆蚧

1）分布：广东省，沿海一带。

2）寄主及危害：主要危害马尾松、黑松、湿地松。

3）形态特征：蚧壳圆形，灰白色，雌成虫倒梨形，淡黄色，雄虫的蚧壳长椭圆形，前宽后略窄，雄虫有1对翅，后翅特化成平衡棒。

4）生活史及习性：在广东省大约1年2代，世代重叠明显，与马尾松两次抽梢基本一致，若虫多藏在叶梢基部，嫩梢和球果也可以危害。

5）防治方法：利用天敌，如花角蚜小蜂；化学防治，如喷洒植物性油或矿物质性油，或跟其他一些药剂混合在一起；采用营林措施，如营造针阔混交林，改变单一林相，改善林地条件，增强林分的抗虫性，减轻受害。

二、蚜类

1. 概述

蚜类属同翅目蚜总科。小型多态昆虫，同种有无翅和有翅型。触角丝状，3～6节。前翅比后翅大，前翅有翅痣，径分脉，中脉分叉。腹部有一对管状突起称“腹管”，末节背板和腹板分别形成尾片和尾板。蚜虫的繁殖方式有两性生殖和孤雌生殖，卵生或卵胎生。生活周期复杂，一般在春、夏两季进行孤雌生殖，而在秋、冬时期进行两性生殖。两性生殖与孤雌生殖二者交替进行，称为世代交替。

2. 代表种

落叶松球蚜

1）分布：从大兴安岭到新疆天山山脉、山东省泰安地区、四川西北均有分布。

2）寄主及危害：云杉、落叶松。

3）形态特征：伪干母成虫为黑色，长 1～2 毫米，半球形，体表除最末两节之外，没有任何分泌物，背面有 6 纵列疣，明显而又光泽的隆起。

4）生活史及习性：在黑龙江小兴安岭林区 2 年 1 代，性蚜所产受精卵于 8 月初开始孵化，9 月初以初孵干母幼蚜在云杉冬芽上越冬。次年 4 月中、下旬越冬干母幼蚜开始活动，虫体由黑转绿，分泌物加长，继而蜕皮。蜕皮后虫体迅速增大，色泽变浅，虫体白色分泌物增多，不断蜕皮成长。干母产卵多于 6 月上旬孵化。虫瘿在 6 月中旬增长快，8 月初开始破裂，中旬为盛期。具翅蚜若蚜爬出后于附近针叶上羽化，随即飞离云杉至落叶松针叶上行孤雌产卵，平均约 30 粒。卵于 8 月中孵化为伪干母，至 9 月中旬开始在芽腋、枝条皮缝越冬。次年 4 月下旬，日平均气温达 6℃左右时，越冬虫开始活动，一般蜕皮 3 次成长为伪干母成虫。

5）防治方法：从营林措施上控制营林郁闭度；避免云杉和落叶松混交；保护天敌；化学防治，一般 5 月下旬用氧化乐果往落叶松上喷洒；及时剪除虫瘿。

三、蝉类

1. 概述

蝉类属半翅目的头喙亚目，体为中到大型，活泼、善跳；触角短；喙出自头后部；附节 3 节；雌虫有 3 对产卵瓣。蝉类成虫、若虫刺吸危害树木，叶蝉和蝉在枝干皮层造成切口以产卵，造成幼树、枝条失水枯死或风折。

2. 代表种

大青叶蝉

1）分布：全国性。

2）寄主及危害：寄主很杂，针叶树、阔叶树、杂草、菜园、果园。在杨树上产卵危害，有弯月形的产卵痕。成虫产卵后在枯枝落叶层下越冬。

3）形态特征：体青绿色，体长不足 10 毫米，在颊区近唇基缝处有一个小黑斑，蛹窝上方有一黑斑。前翅为绿色的，前缘为淡黄或淡白，翅端部略为透明。

4）生活史及习性：在我国北方，1 年发生 3 代。以卵在树干上越冬，对树木的危害就是产卵危害。

5）防治方法：趋光性强，发生量大的地区，于第三代成虫发生期进行灯光诱杀；清扫林地内的杂草或喷一些触杀剂；保护利用天敌。

四、小卷蛾类

1. 概述

卷蛾类属鳞翅目卷蛾科。成虫头部一般具有相当粗糙的鳞片，偶尔还有长毛；单眼明显；触角短，卵扁平、椭圆形。幼虫粗壮，触角小，口器退化，翅宽，略有缘毛，静止时似铃。幼虫常卷叶危害。多数聚集，共同用丝、枝叶筑一大巢。老熟幼虫体长 10～25 毫米，圆柱形。体色变化很大。身体各节上的毛序是分类的重要特征。

2. 代表种

（1）松皮小卷蛾

1）分布：东北三省，国外分布在欧洲。

2）寄主及危害：主要危害 1～12 年生的落叶松主干韧皮部和内皮层，形成不规则的坑道，严重时坑道流脂。

3）形态特征：前翅基斑暗黑色，中间部分向外突出；基斑与中带之间为白色，其中混杂一些黑色的短条纹；前缘有 7 个黑色短钩状纹，外缘黑色有上、中、下 3 个白色斑点。

4）生活史及习性：在黑龙江省 1 年 1 代，以 6～7 龄幼虫越冬，用丝做的巢网，幼虫在里面越冬，6 月下旬成虫羽化，产卵产在落叶松的叶上排成两行。

（2）松梢小卷蛾

1）分布：东北、华北。

2）寄主及危害：油松的新梢。幼虫蛀食新梢，使梢枯萎，风折，连年被害后树冠呈帚状。

3）形态特征：翅部 19～21 毫米，翅红褐色，前翅有 11 条银白色横带，前缘有钩状纹 7～8 个。

4）生活史及习性：1 年 1 代，以幼虫在梢内越冬。

3. 卷蛾类的防治方法

1）林业防治：造林时适当密植，针阔混交加强抚育管理。

2）灯光诱杀：成虫羽化期用黑灯光诱杀。

3）生物防治：用各种细菌制剂，苏云金杆菌、青虫菌、白僵菌、棕角金小蜂、黑青小蜂、赤眼蜂、盲蛇蛉。

4）化学防治：幼虫期用 40%氧化乐果 5 倍或 75%的辛硫磷乳油 10 倍涂干；成虫期用 50%敌敌畏乳油常规喷雾；释放烟剂；卵期用 50%的杀螟松乳油进行喷雾。

5）人工防治：在冬季或幼虫危害时期剪除被害梢集中销毁。

五、象甲类

1. 概述

象甲类属鞘翅目象甲科，统称象甲虫。小至大型，体坚硬，头部前方延长成象鼻状；触角多棒状及膝状，末端膨大为锤状；有假死性。幼虫多为黄白色，体肥胖而弯曲，多皱褶；头部发达；无足型。蛀干象甲幼虫在韧皮部环绕树干蛀食，蛀道深入木质部及髓部，切断树木输导组织，轻者枝梢干枯、风析，重者整株死亡。

2. 代表种

（1）松梢象（也叫松黄星象）

1）分布：东北地区，河南、河北。

2）寄主及危害：在红松林区，以红松为寄主，主梢被害枯死，引起分叉。偶尔危害樟子松、油松、云杉。

3）形态特征：前胸背板上两个白色斑点，鞘翅有 2 条黄色的横带略向前弯曲。

4）生活史及习性：1 年 1 代，以成虫在地面，枯枝落叶层上越冬。春天上树，在红松当年的主梢上补充营养，紧接着产卵，产在主梢的皮下。

5）防治方法：利用假死性，早春刚上树时振落捕杀；40％的乐果乳油 250 倍液喷洒；生物防治，注意保护利用天敌如松梢象甲广肩小蜂、中脊茧蜂等。

（2）松树皮象（也叫松大象甲）

1）分布：东北、河北、陕西、山西。

2）寄主及危害：以成虫危害，啃食多种嫩皮。树木梢头枯死后常形成多梢丛生，主干不良，难以成材，甚至整株枯死。

3）形态特征：触角长在喙的端部，前胸背板有 4 个黄色的毛斑。鞘翅上有近“X”形的黄色或黄白色花纹。

4）生活史及习性：东北地区 2 年 1 代，以成虫、幼虫越冬，主要发生在采伐迹地上，幼虫产卵产在伐根上（1～2 年以内的伐根）。

5）防治方法：利用假死性，振落捕杀；林缘与迹地之间挖沟；新采伐迹地不宜造林（2 年之后再造林）。

六、螟蛾类

1. 概述

螟蛾类属鳞翅目螟蛾科。小至中型，体瘦长；上唇须发达，常向前伸；触角丝状；前翅狭长，或呈三角形，后翅常较宽；腹基部有鼓膜器，腹端小而尖削。幼虫体细长，老熟时长约 10～35 毫米，光滑，毛稀少，生在骨片或小形的突起上；体绿色、黄色、褐色、粉红色或白色；趾钩多为双序缺环。

幼虫钻蛀寄生的嫩梢、枝干及果实，以苗木及幼树受害最重。被害处形成瘤状虫瘿，造成枯梢、风折、断头及干形弯曲，或中央主梢枯死后，侧梢丛生，树冠呈扫帚状，严重影响树木的生长。有时侧梢能代替主梢向上生长，但树干弯曲、分叉，降低木材利用价值。

2. 代表种

微红梢斑螟

1）分布：分布于全国各地。

2）寄主及危害：马尾松、黑松、油松、赤松、黄山松、云南松、火炬松及湿地松等。

3）形态特征：体长10～16毫米，翅展22～23毫米，全体灰褐色。触角丝状。前翅灰褐色，近中央处有1个肾形白点，白点与翅外缘之间有1条明显的白色波状横纹，白点与翅基部之间有2条白色波状横纹，翅外缘近缘毛处有1条黑色带。后翅灰白色，无斑纹。

4）生活史及习性：长江流域1年2～3代，吉林1年1代，北京、辽宁、河南1年2代，以幼虫在被害枯梢及球果或枝条基部伤口内越冬。产卵于当年被害枯梢针叶凹槽或叶鞘基部，部分产于被害枯球果或树皮伤口内，散产。初孵幼虫吐丝下垂随风传播，蛀食中央主梢或侧梢，并有转梢危害习性。

5）防治方法：消灭越冬虫源，如秋季清理枯枝落叶及杂草，并集中烧毁。在幼虫危害期，可人工摘虫苞。发生面积大时，在初龄幼虫期，喷50%辛硫磷乳油1 000倍液、2.5%溴氰菊酯乳油喷雾防治。开展生物防治，卵期释放赤眼蜂，幼虫期施用白僵菌等。

【思考与练习】

1. 蚧类害虫主要防治措施有哪些？
2. 蚜虫类害虫主要防治措施有哪些？
3. 蝉类害虫主要防治措施有哪些？
4. 小卷蛾类害虫主要防治措施有哪些？
5. 简述松梢象害虫生活史和习性、寄主危害状及防治措施。

第四节　食叶害虫防治

食叶害虫包括鳞翅目中以蛾为主的害虫，鞘翅目中的叶甲类，膜翅目中的叶蜂等。

一、枯叶蛾类

1. 概述

枯叶蛾属于鳞翅目，枯叶蛾科，全世界已知1 300种以上。其成虫体多粗壮，鳞片厚，后翅肩角发达，静止时呈枯叶状；幼虫食叶，不少种类已在森林中猖獗成灾，如松毛虫属，是园林风景林中的重要害虫。

2. 代表种

（1）天幕毛虫（也叫顶针虫）

1）分布：东北、西北，华北，华东，湖北，湖南，四川等地。

2）寄主及危害：该虫食性杂，危害杨、梅、桃、李、杨、柳、榆、栎、苹果、梨、樱桃等多种阔叶树。

3）形态特征：雌雄异型，身体黄色或浅黄色，前翅有 2 条窄的褐色的横纹。雌性身体比雄性大，身体为火红色，前翅有一个褐色的宽带，其两侧颜色比较淡，卵为圆形，顶部中间有一个凹陷，产在很细的枝上。

4）生活史及习性：1 年 1 代，以发育完成的幼虫在卵内越冬，春天低龄幼虫出来经常群居，吐丝做成网巢吃顶芽、嫩叶，2 龄以后重新做网，老熟之后在树枝、树杈、杂草、灌木结茧化蛹。

5）防治方法：冬天采集卵块；春天破坏网巢；药剂防治，用 50%敌敌畏和敌百虫的混合液、50%敌敌畏乳油喷洒。

（2）落叶松毛虫

1）分布：黑龙江、吉林、辽宁、内蒙古、河北及新疆等省。

2）寄主及危害：寄主主要是落叶松、红松、油松、赤松、樟子松、新疆云杉和冷杉等植物。大发生时可将大片松林针叶吃光，造成林木生长衰弱，引起蛀干害虫发生，致使林木成片死亡。

3）形态特征：成虫体色变化比较大，从淡灰色到黑褐色，前翅比较宽大，外缘比较直，有 3 条比较明显横的斑纹，亚外缘线有 8 个黑色斑点，大概形成“3”字形。亚外缘线最后 2 个斑点中心点的连线与翅的外缘近乎平行；中室白斑较大而明显。后翅褐色。雄外生殖器的阳具小刀状，小抱针与大抱针的比例为 2∶3。幼虫体色变化大，有烟黑色、灰黑色或灰褐色。每个体节亚背腺毛簇夹杂纺锤形的毛片，先端尖的无齿。腹部第 2、3、9 节比较明显。

4）生活史及习性：黑龙江省少部分 2 年 1 代，大部分 1 年 1 代，以幼虫在枯枝落叶层下越冬，幼虫共有 7～9 个龄期，老熟幼虫危害特别严重，经常把针叶吃光，在树干、树枝上结茧化蛹，成虫有强烈的趋光性，初孵幼虫多群集枝梢端部，受惊扰之后吐丝下垂，幼虫 2 龄以后分散取食。

5）防治方法：做好区划，常灾区（松毛虫猖獗成灾集中地）管理重点，偶灾区，无灾区；区划好之后，加强预测预报，监测种群变化规律。具体来说：

①林业措施：营造混杂林，适地适树。选育抗虫树种，封山育林及时抚育。

②生物防治：幼虫危害期用 200 克/公顷的 Bt 剂飞机喷雾，用含孢子数 1 亿～5 亿/毫升的白僵菌可湿性粉剂喷雾，或用 100 亿孢子/克的白僵菌粉剂 7.5 千克/公顷，在温度 24℃以上、相对湿度 95%以上时喷洒；在气温 10～35℃时，用松毛虫多角体病毒，用量为 750 亿～3 000 亿/公顷；人工繁殖释放松毛虫赤眼蜂，或利用赤眼蜂携带病毒，释放量为 45 万～150 万/公顷；保护和招引益鸟；向林间移巢双齿多刺蚁等。释放黑卵蜂、姬蜂、茧蜂等。

③化学防治：如 50%马拉硫磷乳油；90%敌百虫乳油；2.5%溴氰菊酯 1～2 毫升/亩。

④物理和人工防治：灯光诱杀成虫；人工直接捕杀（采卵、捕虫、采茧）；于树干胸高处刮粗皮捆塑料薄膜，阻止幼虫越冬后上树。

二、毒蛾类

1. 概述

毒蛾属鳞翅目，毒蛾科，是鳞翅目害虫中的一大重要类群。已知有300余种，如世界知名害虫舞毒蛾，以及杨雪毒蛾、雪毒蛾、榆毒蛾等，都是林木果树上的灾害性种类，常给人们带来严重的损失。

2. 代表种

（1）舞毒蛾

1）分布：广泛分布于东北、华北、华中、西北及西南等地区。

2）寄主及危害：寄主广泛，以阔叶树为主，危害500多种植物。

3）形态特征：成虫：前翅有四条横线，中室内有一块小黑斑，中室端部有一个“<”形斑，翅的翅缘每个翅室内有一个黑色斑点。幼虫头部有一个“八”形黑色纹，身体有六列毛瘤，每个上面有很多长毛，背部两边的毛瘤前5对毛瘤蓝色，后7对毛瘤红色。

4）生活史及习性：1年1代。以完成胚胎发育的幼虫在卵内越冬，小幼虫孵化之后经常群居取食，1龄幼虫毛的基部扁平膨大成束状，初龄受惊扰吐丝下垂。

5）防治方法：①灯光和诱捕器诱杀。可以利用杀虫灯和性诱剂及配套诱捕器诱杀成虫；②保护天敌。舞毒蛾发生高峰期后要避免大面积施药；保护和利用人工摘除卵块内大量的寄生蜂；③病毒防治。病毒要在3龄前使用，最好在2龄幼虫占85%时使用，用量为每亩250亿个多角体。用前要摇均，均匀喷到叶面上，与Bt混合使用可提高防效；④仿生药剂防治。灭幼脲类药剂对天敌相对安全，具有很好的防治效果，由于该药显效和作用时间较长，可以尽量早施药。20%除虫脲25%灭幼脲Ⅲ号液喷雾。

（2）杨雪毒蛾

1）分布：主要在北方地区，在北方常与雪毒蛾伴随发生。

2）寄主及危害：以杨，柳树为寄主。

3）形态特征：杨雪毒蛾翅上鳞片较厚，触角主干黑白相间；雄杨雪毒蛾胸部前足间无灰色毛，外生殖器瓣外缘有锯齿。

4）生活史及习性：1年1代，以幼龄幼虫在枯枝落叶里或树皮裂缝里越冬。5月份上树危害，6月上旬化蛹，6月中旬羽化、产卵，成虫在树枝上或叶片上成块产卵。杨雪毒蛾夜间活动；雪毒蛾日夜都活动。杨雪毒蛾化蛹在树洞、土里；雪毒蛾树上卷叶化蛹。

5）防治方法：①灯光诱杀；②化学药剂。用80%敌百虫、50%马拉硫磷1 000～1 500倍液喷洒。

（3）榆毒蛾

1）分布：我国北方地区。

2）寄主及危害：寄主为榆树。

3）形态特征：成虫：纯白色，以足的颜色区分，前足黄色。前翅有3个横线，扇形斑纹不算十分明显，在中室的端部有一个深色圆形的斑纹，被一条灰白色短线分成两半。

4）生活史及习性：在大兴安岭1年1代，以3龄幼虫在枯枝落叶层中越冬。

5）防治方法：①6月及8—9月成虫盛发期安置黑光灯诱杀成虫；②发生严重地区于5月下旬—6月上旬和7月上中旬1、2代幼虫低龄阶段喷洒20%灭幼脲1号胶悬剂、20%菊·杀乳油、2.5%敌杀死乳油喷雾防治。

三、灯蛾类

1. 概述

灯蛾类属鳞翅目，灯蛾科。成虫趋光性强，幼虫体具密而长的次生刚毛，多为杂食性，危害各种园林植物。全世界估计3 000余种，我国记载近150种。

2. 代表种

美国白蛾

1）分布：原产北美、后发现在加拿大，我国在辽宁、山东、陕西、河北、北京均有记载。

2）寄主及危害：食性杂，吃的东西多，危害几百种植物，世界性的检疫害虫。我国寄主植物50多种。

3）形态特征：成虫：纯白色（雌，雄），雄性翅面散生一些黑色斑点，前足基节、腿节橘黄色，胫节、跗节内侧白色外侧黑色，中足腿节白色或黄色，胫节或跗节上有白色灰斑。幼虫：黑头型和红头型。

4）生活史及习性：在辽宁丹东1年2代，以蛹在树皮裂缝或树洞里结茧越冬，春天羽化后交尾产卵，单层产在叶的背面，用白色绒毛铺盖，幼虫在3～4龄以后开始蚕丝结网，甚至整个树冠被网罩住，5龄以后弃网，单独取食。喜光、温暖。

5）防治方法：①加强检疫。疫区苗木不经检疫或处理禁止外运，疫区内积极进行防治，有效地控制疫情的扩散。②人工防治。在幼虫3龄前发现网幕后人工剪除网幕，并集中处理。③生物防治：利用周氏啮小蜂防治美国白蛾效果好；④药剂防治：喷施2.5%溴氰菊酯乳油、20%氰戊菊酯乳油倍液、10%多来宝悬浮剂喷雾防治。

四、鞘蛾类

1. 概述

鞘蛾类隶属于鞘蛾科，为小型蛾类，翅狭长而端部尖，前翅中室斜形，栖息时触角前伸。幼虫早期潜叶，稍长即结鞘，随身带鞘取食，危害林木、果树。

2. 代表种

兴安落叶松鞘蛾

1）形态特征：体长3毫米，整个身体暗黑色，密被银灰色鳞片，后翅有长的毛，有光泽，触角长丝状，28～34节，触角几乎与身体等长，后足胫节的端、中部有一对距。

2）生活史及习性：1年1代，以老熟幼虫在枯枝或树皮裂缝中越冬，春天产卵产在叶的背面中部。

3）防治方法：①林冠下层打枝。②药剂防治：秋季9月份1.8%阿维菌素乳油、溴氰菊酯喷雾防治。③用灭幼脲2号喷洒。

五、刺蛾类

1. 概述

刺蛾类隶属于刺蛾科，为中型蛾子，体粗壮多毛；喙退化；触角线状，雄蛾为栉齿状；翅宽而密被厚鳞片，多呈黄、褐色或绿色。幼虫蛞蝓型；头小内缩；胸足退化，腹足吸盘状；体常被有毒枝刺或毛簇；化蛹在光滑而坚硬的茧内。该类害虫食性杂，危害果树、林木，以幼虫食叶，严重时能将树叶全部吃光。

2. 代表种

黄刺蛾

1）分布：几乎遍及全国各地。

2）寄主及危害：食性很杂，危害许多阔叶树。

3）形态特征：身体橙黄色，前翅黄褐色，从翅的顶角发出两条褐色的线到翅的后缘，内侧的褐色线弯曲到达后缘基部1/3或1/2，在这根线内侧都为黄色，外侧都为黄褐色，黄色区域有2个黑色的斑点，褐色区域靠近后部有一个大的黑斑，后侧的褐色细线比较挺直约到达翅的臀角处。

4）生活史及习性：在北方1年1代，以老熟幼虫在树杈上结茧越冬，形状像鸟蛋，成虫一般在6月份出现，有趋光性，产卵产在叶背上。幼龄幼虫喜欢群居，长大之后分散。

5）防治方法：主要防治幼虫阶段。①喷洒敌敌畏、敌百虫等；②灯光诱杀；③人工剪掉虫茧。

六、天蛾类

1. 概述

天蛾类隶属于天蛾科，中至大型蛾类，体粗壮呈梭形；触角末端弯曲成钩状；喙发达；前翅狭长，外缘明显倾斜，后翅小，几乎使整个腹部外露。幼虫肥大，第8腹节背中央有一尾角；腹侧经常有斜条纹，从背面斜向前一节。

2. 代表种

柳天蛾（也叫兰目天蛾）

1）分布：东北、西北、华北。

2）寄主及危害：杨、柳、桃、樱桃、苹果、海棠、李子。

3）形态特征：触角淡黄色，胸部背面中央褐色，中横线与外横线之间有前后两块深色的斑。中室的端部有一个“T”形的短纹，后翅淡黄褐色的中央有一个蓝色的眼状斑，眼的周围为黑色，上方还有红色或粉红色。幼虫最末一节有一个角状突。

4）生活史及习性：在辽宁1年2代，以蛹在土中越冬，成虫具有趋光性，飞翔能力强，翅狭长，卵单产，多产在枝或叶的背面，初孵幼虫取食卵壳。

5）防治方法：①灯光诱杀；人工捕杀幼虫；②保护天敌。

七、舟蛾类

1. 概述

舟蛾类属鳞翅目舟蛾科。体为中到大型，体粗壮；外形似夜蛾科，体多呈灰色，浅褐色至浅黄色；触角线状或栉齿状。前翅后缘亚基部常有鳞簇，静止时双翅折成屋脊形，鳞簇向上竖立如角。幼虫体型多变；上唇缺刻深呈锐角；大多数体色鲜艳，背部常有显著峰突。以幼虫取食多种树木的叶片，通常有群集性，发生严重时可食尽全叶。

2. 代表种

（1）杨二尾舟蛾

1）分布：广泛，几乎分布于全国各地。

2）寄主及危害：危害杨、柳树。

3）形态特征：成虫，在胸部背面有8～10个黑色斑点，翅的基部有2个黑色的斑点，再稍往外有1列黑色斑点，内横线双道，内横线在翅的前缘部分形成半圆形，在中室内形成一个圆形斑纹，翅中部到后缘是封闭弯曲的曲线，中横线和外横线彼此高度弯曲，彼此很难区分，斑外缘有1列黑斑。幼虫，后胸突起上有一个肉瘤，尾部两个臀角紫红色。

4）生活史及习性：在辽宁，河北1年1代，河南1年3代，都是以蛹在枝干上的硬茧里越冬，第一代成虫5月中旬羽化，第二代成虫7月中旬羽化。

（2）黑带二尾舟蛾（与杨二尾舟蛾相近）

1）分布：北方地区。

2）寄主及危害：危害杨、柳树。

3）形态特征：胸部背面有2条呈“八”字形黑色斑纹和一些斑点，前翅内横线是一条比较宽的灰黑色波状的白斑。中室外边有3条锯齿状波斑。翅外缘有三角形黑斑。

4）生活史及习性：在华北地区1年2代，以幼龄若虫在树皮边缘里越冬。

（3）杨扇舟蛾

1）分布：全国。

2）寄主及危害：杨、柳的重要害虫。

3）形态特征：前翅有4条横线，翅的顶角有一个扇形的斑纹，外横线在扇形斑内弯曲，其外侧有几个锈红色的斑点，在大扇形斑下面有一个黑色斑点。

4）生活史及习性：辽宁1年2～3代，以蛹在枯枝落叶层内越冬，产卵在叶片上平铺，有强烈的趋光性，在3龄以前群居，食料不足吐丝下垂随风飘到别的地方。

（4）分月扇舟蛾

1）分布：我国的东北、华北、华东、华南、西南各省。

2）寄主及危害：主要危害杨、柳、桦等。

3）形态特征：幼虫，除后胸有一个肉瘤以外，前胸的两侧有突出，腹部背面有一个大的菱。

4）生活史及习性：1年1代，以蛹在树根基部或表面腐层里越冬。

3. 舟蛾类防治方法

幼虫发生期喷洒90%敌百虫晶体或80%敌敌畏乳油或2.5%溴氰菊酯倍液防治；捣毁越冬茧，降低越冬虫口密度；保护天敌。

八、巢蛾类

1. 概述

巢蛾为鳞翅目巢蛾科的通称。因幼虫常群居在枝叶上吐丝结网如巢而得名。已知约800种。幼虫只有原生刚毛，前胸气门前有3根毛，腹足趾钩为多行环，蛹有丝茧。成虫有趋光性。

2. 代表种

苹果巢蛾、稠李巢蛾及卫矛巢蛾。其分布、寄主、形态等如表3—4所示。

表3—4　**苹果巢蛾、稠李巢蛾及卫矛巢蛾**

代表种	苹果巢蛾	稠李巢蛾	卫矛巢蛾
分布	黑龙江、吉林、辽宁、内蒙古、河北、山东、山西、陕西、甘肃、青海、新疆	黑龙江、吉林、辽宁、河北、山西及山东	辽宁、吉林、黑龙江、河北、北京、山西、陕西
寄主	危害苹果、山丁子	次生林里危害稠李	卫矛
形态大小	22毫米左右	>30毫米	30毫米左右
前翅斑点	4列（30～40个）	5列（40个以上）	5列（50个以上斑点）
幼虫颜色	黑褐色	白色	鲜黄绿色
虫巢	一个虫巢里几十个虫	几十个	1～2个
幼虫1～8节背面	2个黑色毛片	4个黑色毛片	6个黑色毛片

1）生活史及习性：1 年 1 代，以卵越冬或以发育好的幼虫在卵里越冬，卵产在树枝上，春天开始拉丝做网巢吃叶肉。

2）防治方法：主要是剪掉网巢。

九、蝶类

1. 概述

蝶类属鳞翅目锤角亚目。种类丰富，我国记载的有 2 300 多种，许多是观赏种类，也有部分是害虫。蝶类的成虫色彩艳丽，以花蜜为食；而幼虫却常常对植物造成危害。

2. 代表种

树粉蝶（也叫山楂粉蝶）

1）分布：东北、西北、华北、华南。

2）寄主及危害：多种阔叶树和果树。

3）形态特征：中等大小的蝶类，体黑色，触角黑色，末端棒状部黄色，翅白色，翅脉黑色，鳞片少，略显透明。

4）生活史及习性：北方地区 1 年 1 代，以 3 龄幼虫在树上虫巢内集居越冬。化蛹时以一根细丝把蛹壳缚在树枝上越冬。

5）防治方法：① 3—4 月树木修剪时，将虫巢剪掉或摘除收集在一起集中销毁，可很好地降低虫口基数。②人工捕杀幼虫，在幼虫出蛰后尚未扩散前将有虫枝条剪掉销毁。③幼虫扩散后使用化学药剂防治，用 2.5%溴氰菊酯喷雾防治。

十、叶甲类

1. 概述

叶甲类属鞘翅目叶甲科，体小至中型，圆形、卵圆形及短圆柱形，常具有金属光泽；触角丝状，一般短于体长之半，不着生在额的突起上；复眼圆形，不环绕触角；跗节“似为 4 节”，实为 5 节。幼虫肥壮，具 3 对胸足；体背常具枝刺、瘤突等附属物；植食性。

2. 代表种

（1）榆紫叶甲

1）分布：北方平原地区以及河北，国外朝鲜、俄罗斯、蒙古。

2）寄主及危害：危害家榆，幼虫、成虫均可以危害。

3）形态特征：整个虫体蓝绿色，前胸背板宽是长的 2 倍，有略呈方形的压脊，鞘翅上有各种颜色的光泽，整个身体呈弧形，突出。

4）生活史及习性：北方地区 1 年 1 代，以成虫在浅土越冬，6 月中下旬、7 月初的时候老熟幼虫产卵在小枝上，排两行。若产在叶上则成堆。

(2) 杨叶甲

1) 分布：东北、西北、华东、华中、西南、西藏、新疆及青海。

2) 寄主及危害：主要危害杨树、柳树，成虫、幼虫都可以取食嫩叶、嫩芽，幼树受害更甚。

3) 形态特征：整个身体为黑色，唯独鞘翅为红色，鞘翅末端有黑色的小斑。

4) 生活史及习性：在黑龙江1年1代，以成虫在浅土层越冬，春天成虫孵出之后，产卵在叶背，化蛹在叶背或小枝上。

(3) 核桃楸扁叶甲

1) 分布：东北地区。

2) 寄主及危害：主要危害核桃楸。

3) 形态特征：整个身体略呈长方形，体特别扁平，头和鞘翅为蓝黑色，前胸背板为淡棕黄色，触角和足为黑色，鞘翅上有粗密刻点，而每个鞘翅上有3条纵脊。

4) 生活史及习性：在东北1年1代，以成虫在枯枝落叶、树皮裂缝里越冬；初龄幼虫孵化之后取食卵壳，在叶片上化蛹。

3. 叶甲类的防治方法

(1) 在成虫和幼虫期，可以用80%敌敌畏乳油、90%敌百虫喷洒；2.5%溴氰菊酯乳油、40%氧化乐果乳油、50%马拉硫磷、25%亚胺磷乳油喷雾防治。

(2) 若成片林，释放烟剂防治。

(3) 在土壤中化蛹或以成虫在地下越冬，用毒绳、毒笔，如：溴氰菊酯毒笔（毒绳）。

(4) 振落扑杀。

(5) 保护天敌。

十一、叶蜂类

1. 概述

叶蜂类害虫属于膜翅目，叶蜂科。种类很多，全世界已知4 000多种。其幼虫特征为：体具横皱，除3对胸足外，通常有6~8对腹足。大多为植食性。

2. 代表种

杨锤角叶蜂

1) 分布：只限黑龙江。

2) 寄主及危害：小叶柳、抱竹柳。

3) 形态特征：成虫雌雄异型，雌虫头胸为棕黄色，腹部为黄色，大约成卵圆形；雄虫身体黑褐色，腹部为褐色或咖啡色，约成柱状，雌雄触角为锤状。

4) 生活史及习性：哈尔滨1年1代，以老熟幼虫在地下越冬，成虫白天很活跃，卵产在叶肉组织内，有孤雌生殖现象。

5）防治方法：①冬春季，在受害寄主附近土中挖茧消灭越冬虫蛹；②及时摘除产卵枝梢、叶片以及群集取食的幼虫，及时处理；幼虫危害期喷洒 50%杀螟松乳油、40%乙酰甲胺磷或 20%杀灭菊酯孔油喷雾防治；保护当地天敌，使用 Bt 乳剂、青虫菌粉。

【思考与练习】

1. 简述鳞翅目食叶害虫防治措施。
2. 苹果巢蛾、稠李巢蛾及卫矛巢蛾有何区别，防治措施有哪些？
3. 舟蛾类防治措施有哪些？
4. 叶甲类害虫防治措施有哪些？
5. 叶蜂类防治措施有哪些？

第五节　蛀干害虫防治

蛀干害虫主要包括小蠹类、天牛类、吉丁虫类、象甲类、木蠹蛾类、透翅蛾类和蝙蝠蛾类害虫。

一、小蠹类

1. 概述

小蠹类属鞘翅目小蠹科。体长 6～9 毫米，圆筒形，色暗；体坚硬，头部略伸长，呈短喙状；触角成膝状弯曲，末端短锤状；头后部为前胸背板所覆盖；前胸背板大，常长于体长的 1/3，且与鞘翅等宽；鞘翅两侧近平行，端部多有翅坡，周缘多具齿突或突起；足短粗，胫节强大。幼虫无足型；体小，白色，头部发达。

成虫和幼虫在林木韧皮部与边材之间蛀食，构成各种形状的密集坑道，阻滞营养物质和水分的输送，造成零星或成片林木枯死。

2. 代表种

（1）松纵坑切梢小蠹

1）分布：几乎全国各地，辽宁、吉林比较严重。

2）寄主及危害：危害各种松树，主要为马尾松、赤松、油松。成虫蛀害松树嫩梢，在树干韧皮部内蛀坑道。

3）形态特征：鞘翅末端第二列间部光滑，鞘翅基部有齿状突起。

4）坑道：单纵坑。

5）生活史及习性：1 年 1 代，以成虫在树干的基部或枯枝落叶层或浅土层中越冬，第二年 4、5 月出来上新梢，在梢里边补充营养，6 月份出来，找其他木质部交尾，在梢上的侵入孔为圆形，周围有一圆形白色松脂。

(2) 松横坑切梢小蠹

1) 分布：东北地区。

2) 寄主及危害：松树、油松、樟子松、红松等。

3) 形态特征：鞘翅末端第二列间部有瘤起，而且还有茸毛。

4) 坑道：复纵坑。

5) 生活史及习性：1 年 1 代，以成虫在嫩枝或土里越冬。

(3) 红松切梢小蠹

1) 分布：黑龙江。

2) 寄主及危害：红松。

3) 形态特征：鞘翅的第二列间部，有一列竖起的茸毛，有一列倒状的茸毛。

4) 坑道：单纵坑。

5) 生活史及习性：1 年 1 代，以成虫在土里越冬。

(4) 松十二齿小蠹

1) 分布：黑龙江、吉林、辽宁、陕西、四川、云南等省。

2) 寄主及危害：钻蛀在树干基部和主干的厚皮部分，侵害健康或半健康的活立木，树势被削弱后，为其他小蠹的寄生创造了条件，加速了树木的枯死。

3) 形态特征：鞘翅末端有十二个齿，每侧 6 个，其中以第四个齿最大，尖端呈纽扣状。

4) 坑道：复纵坑，一般 3 条，1 个上 2 个下。

5) 生活史及习性：东北 1 年 1 代，以成虫在盲孔里越冬。

(5) 松六齿小蠹

1) 分布：东北、河北。

2) 寄主及危害：各种松、云杉类、原始林中的优势种类。

3) 形态特征：鞘翅末端每侧各 3 个齿，第三个齿最大，雌虫第三个齿末端为尖的，雄性第三个齿末端是分叉的。

4) 坑道：复纵坑，一般 6 条，上面 3 个，下面 3 个。

5) 生活史及习性：1 年 1 代，以成虫在盲孔里越冬，成虫侵入寄主有两次高峰，一次在 6 月上旬，一次在 7 月中旬，树干上面树皮比较薄的易危害。

(6) 落叶松八齿小蠹

1) 分布：东北、内蒙古、山西。

2) 寄主及危害：落叶松。

3) 形态特征：鞘翅末端每侧有 4 个齿，其中第三个齿最大。

4) 坑道：复纵坑，一般为 1 上 2 下。

5) 生活史及习性：在黑龙江 1 年 1 代，部分个体 1 年 2 代，以成虫越冬。

(7) 云杉八齿小蠹

1) 分布：东北、新疆、四川。

2) 寄主及危害：各种杉类。

3) 形态特征：鞘翅末端每侧4个齿，第三个呈纽扣状，形态大小与落叶松八齿小蠹相似，额上有一个瘤起，而落叶松八齿小蠹没有。

4) 坑道：1上1下，以成虫在树干的下部越冬。

5) 生活史及习性：在吉林长白山林区1年发生3代，以成虫越冬。大部分成虫在枯死树皮下或旧坑道内越冬，少数在受害树下的枯枝落叶层和土层越冬。翌年4月中下旬开始活动，5月上旬侵入树干，开始蛀坑道产卵。最初危害症状不明显，仅在侵入孔下或树基地面有褐色木屑，树干有流脂，以后针叶失去光泽，变黄而脱落，8月下旬更为明显。该虫喜通风透光，但又不喜阳光直射和极度遮阴的环境，故多寄生于树干的中部、下部。

3. 小蠹类防治方法

以营林措施为基础，保持林内卫生；注意保护利用天敌，并且结合监测，预测预报来达到防治目的。

(1) 监测与预测预报方法：①枯萎木指标，每年5月、10月调查1～2次，以新旧枯萎木为指标；②危险等级法，把树木分成健康木、变弱木、枯萎木、枯立木（新的、旧的），在666m^2三级、四级超过5%视为小蠹发源地，进行卫生伐，择伐；③饵木信息表测报法。

(2) 预防措施：①加强检疫；②加强营林措施，抚育，间伐，及时伐出；③要采、运、储相协调；④生物防治，注意保护金小蜂、小茧蜂和招引啄木鸟等天敌。

(3) 防治方法：①伐除虫害木；②饵木诱杀（在800平方米里面放1～2根饵木）；③药剂防治80%敌敌畏乳油或80%磷胺乳油在成虫盛期喷洒；④熏蒸法，在贮木厂堆放好溴甲烷、氯化铝。⑤性引诱剂。

二、天牛类

1. 概述

天牛类属鞘翅目多食亚目天牛科，主要危害经济林健康木，原始林衰弱木。天牛类为1年1代，或1年多代，遇到不利环境条件时，可以休眠。产卵时用上颚咬一个切槽，直接用产卵器产在树皮缝。幼虫取食木质部或韧皮部。天牛坑道是不规则的，成虫取食枝条嫩皮补充营养。

2. 代表种

(1) 云杉大黑天牛

1) 分布：东北、内蒙古、河北、山东。

2) 寄主及危害：危害红皮云杉、落叶松、樟子松、臭松。

3) 形态特征：整个身体黑色，前胸背板方形，两侧有刺突，小盾片密被黄色绒毛，鞘翅基部 1/3 处有一个横向压迹。雌的触角短，略长于身体，雄的触角很长是身体的 2～3 倍。雌的鞘翅有不规则的白色斑点，不规则地组成两个横行，雄的鞘翅密被黄色绒毛。

4）生活史及习性：2 年 1 代，少数 1 年 1 代。第 1 年以 3～4 龄幼虫越冬，第 2 年以老熟幼虫越冬或卵越冬，成虫羽化之后需要补充营养。幼虫在树干中危害韧皮部和木质部，在树皮上用颚刻一个“一”字形痕把卵产在里面。

5）防治方法：在成虫补充营养期间药剂防治，50%马拉硫磷或 60%敌马合剂或 30%的杀螟油＋40%氧化乐果；用饵木诱杀，剥皮处理；夏季采伐后，不立即运出，垛成一个大的垛，最上边 1～2 层削皮或用化学药剂喷洒；若幼虫已进木质部中，用蒸馏处理，用塑料布密封。

（2）云杉小黑天牛

1）分布：大、小兴安岭。

2）寄主及危害：红皮云杉、落叶松、樟子松、臭松。

3）形态特征：身体漆黑色，略小，无横向压迹，小盾片密被白色绒毛，中间有一条光裸的纵线。

4）生活史及习性：1 年 1 代，以幼虫在木质部里越冬，产卵时用上颚咬一个长棱形的刻槽，把卵产在里面。

5）防治方法：同上。

（3）光肩星天牛、星天牛、黄斑星天牛、桑天牛。

1）分布：华北地区。

2）寄主及危害：杨、柳、榆、槭、刺槐、桑及山核桃等。

3）形态特征和生活史的区别如表 3—5 所示。

表 3—5　光肩星天牛、星天牛、黄斑星天牛、桑天牛的区别

区别	光肩星天牛	星天牛	黄斑星天牛	桑天牛
生活史	1 年 1 代或 2 年 1 代	2 年 1 代	2 年 1 代	2 年 1 代
越冬虫态	幼虫	幼虫	幼虫	幼虫
成虫的形态特征	黑色有光泽，鞘翅基部光滑，无瘤状颗粒，鞘翅翅面上约有 20 个白色的斑点	鞘翅的基部有瘤状颗粒，其他同前	黑色，鞘翅基部光滑，翅面上有 15 个以上黄色或浅黄色的毛斑	黑色，体表密被黄褐色的短毛，鞘翅基部有颗粒状的突起没有白斑
幼虫	前胸背板有凸字形的斑，其两侧肩角小	有飞鸟状黄褐色斑纹	两侧的肩角比较大	其中有 3 对尖叶形的凹陷纹
产卵	刻槽半椭圆形	刻槽 T 字形	刻槽近三角形	刻槽近 U 形
产卵部位	主要在枝叉部分	主要在树干基部	主要在干部	主要在 1 年生的枝杈
幼虫的坑道	向上的坑道	向下，很长达 1 米	向上	向下，可达 4 米

4）防治方法：捕捉成虫，利用假死性人工捕杀；树干涂白，生石灰：硫黄粉：水＝10：1：40；对于卵还没注入木质部中，用敌敌畏：煤油＝1：5；锤击产卵痕；用毒泥、毒棉堵孔；用白僵菌3亿～5亿个孢子/毫升注入侵入孔中。

（4）青杨天牛

1）分布：华北、东北、西北等地。

2）寄主及危害：主要为杨、柳树。

3）形态特征：体黑色，密被黄色绒毛，每个鞘翅有4个黄色的斑点，前胸背板有3条黄色的纵带，雌性触角基部1/3为黑色，2/3为白色。雄性触角基部和干部各占一半。

4）生活史及习性：1年1代，以老熟幼虫越冬。

5）防治方法：加强检疫；成虫产卵前喷40%氧化乐果；剪除虫瘿；用姬蜂类、啄木鸟、肿腿蜂防治。

三、吉丁虫类

1. 概述

吉丁虫类属鞘翅目吉丁虫科。约15 000种，多数分布于热带地区，是色泽最鲜艳的昆虫之一。窄长而扁，腹部趋尖。吉丁虫种类很多，有些种类的鞘翅是带金属色泽的蓝、铜绿色、绿色或黑色。成虫的大小、形状因种类而异，小的不足1厘米，大的超过8厘米，头较小，触角和足都很短。幼虫体长而扁，乳白色。吉丁虫类害虫属次期害虫，许多吉丁虫的幼虫在树内凿出带状孔道，坑道弯曲扁平云纹状，侵入孔和羽化孔都是扁圆形的。

2. 代表种类

（1）西伯利亚吉丁虫

1）分布：东北林区、大小兴安岭。

2）寄主及危害：多种针叶树，风倒木、风折木、衰立木。通常在小蠹虫危害后再危害。

3）形态特征：纺锤形，黑色有金属光泽，额、鞘翅的尖角、腹部末端的腹面有桔黄色的斑点，鞘翅上有很多脊纹。

4）生活史及习性：在东北林区2年发生1代，以老熟幼虫在木质部里越冬。

5）防治方法：①加强林木卫生，及时伐除被害木、枯死木，及时焚烧，减少虫源；②5月上、中旬成虫羽化前用白涂剂对树干2～2.5米以下的部位涂白，可减少产卵量及降低卵的孵化率；③成虫盛发期用50%马拉硫磷乳油、50%杀螟松乳油，连续2次喷射有虫枝干；④在幼虫孵化初期40%氧化乐果乳油，每隔10天涂抹被害处，连续3次；⑤幼虫钻蛀盛期，用刀纵向割裂虫斑，以阿维菌素和氧化乐果原液混合涂刷树干，可杀死幼虫；⑥保护利用当地天敌——鸟类，有效控制吉丁虫对树木的危害。

（2）杨锦纹吉丁虫

1）分布：黑龙江、吉林、辽宁和新疆。

2）寄主及危害：主要寄生在杨、柳等树种。树木被幼虫钻蛀后，树势衰弱，以致造成全株枯死，遇强风可出现风折，易使粗毛多孔菌、腐烂病菌侵入。

3）形态特征：体扁平，纺锤形，有紫铜色的金属光泽，前胸背板中部有一条隆起的中线，两侧各有 1 个平行的黑斑，鞘翅上有 10 个纵沟，其中夹杂着很多短的横线和斑纹。

4）生活史及习性：3 年 1 代，以幼虫在树干的皮层、韧皮部、木质部成“C”字形弯曲越冬。成虫 5 月上旬出现，喜欢在树皮裂缝上产卵，幼虫共 9～10 龄。

5）防治方法：①加强检疫；②及时清除虫害木，剪除被害枝桠；③利用成虫的假死性、喜光性在成虫盛发期进行人工捕杀；④保护利用当地天敌，包括猎蝽、啮小蜂及啄木鸟等；⑤药剂防治，成虫盛发期用 90％敌百虫晶体、50％马拉硫磷乳油、50％杀螟硫磷乳油或 40％氧化乐果乳油连续 2 次喷射有虫枝干；在幼虫期，用 40％氧化乐果乳油，每隔 10 天涂抹危害处，连续 3 次。

四、象甲类

1. 概述

象甲类属鞘翅目象甲科，统称象甲虫。小至大型，体坚硬，头部前方延长成象鼻状；触角多棒状及膝状，末端膨大为锤状；有假死性。幼虫多为黄白色，体肥胖而弯曲，多皱褶；头部发达；无足型。蛀干象甲幼虫在韧皮部环绕树干蛀食，蛀道深入木质部及髓部，切断树木输导组织，轻者枝梢干枯、风折，重者整株死亡。

2. 代表种

杨干象（也叫杨干白尾象鼻虫）

1）分布：东北三省、内蒙古、河北、山西、陕西、甘肃、新疆。

2）寄主及危害：杨、柳、赤杨、桦树。被害状有油浸状的斑点（幼龄或卵期时）；有刀砍状的横向裂口。

3）形态特征：整个身体密被褐色的鳞片，其间散生白色鳞片，喙基部着生 1 对毛簇，前胸背板有 5 个（前 2 个，后 3 个）黑色毛簇，每个鞘翅各有 6 个黑色毛簇，鞘翅末端 1/3 形成一个斜面，并密被白色鳞片。

4）生活史及习性：东北 1 年 1 代，主要以卵、初龄幼虫在韧皮中越冬，极少数有以成虫越冬的。

5）防治方法：加强检疫；用药剂防治，磷化铝熏杀，氧化乐果，防治最好时期是在 2 龄幼虫左右，5 月初左右；生物防治，用白僵菌等；振落扑杀。

五、木蠹蛾类

1. 概述

木蠹蛾类属鳞翅目木蠹蛾科，普遍发生的有芳香木蠹蛾东方亚种、沙柳木蠹蛾、榆木蠹蛾等，是阔叶树的主要蛀干害虫。

2. 代表种类

芳香木蠹蛾

1）分布：东北、内蒙古、河北、山东、陕西、华东、西北。

2）寄主及危害：阔叶树，杨、柳、榆等，人工林和次生林。

3）形态：胸部、腹部特别粗壮、多褐色的毛，前翅有很多细的不规则的横线，中足胫节上有 1 对锯齿，后足胫节有 2 对锯齿。

4）生活史：在辽宁、沈阳，2 年 1 代，第 1 年以幼虫在树干里越冬，第 2 年以老熟幼虫在土里越冬。龄期很长，达 14 龄。

5）防治方法：卵孵化期间，向树干喷洒 50％磷胺或 50％杀螟松乳油或 40％乐果乳油；在幼虫初蛀入韧皮部或边材表层期间，用 40％乐果乳油柴油液（1：9）或 50％杀螟松柴油液涂虫孔；对蛀入木质部深处的幼虫，向虫道里插熏蒸签或投放磷化铝片熏蒸，使用这些方法时，虫孔处应用黄黏泥封闭；灯光诱杀成虫。

六、透翅蛾类

1. 概述

透翅蛾类属鳞翅目透翅蛾科。小至中型，色彩鲜艳；翅狭长，大部分透明，外形似胡蜂类。触角棍棒状，顶端生 1 刺或毛丛；腹末有 1 个特殊的扇状鳞簇；白天飞翔活动。幼虫唇基长达头长 1/2 或伸至头顶；腹足 5 对，前 4 对趾钩为单序二横带，臀足为单序单横带。以幼虫钻蛀树干和顶芽，钻入树干后，被害组织增生形成瘤状虫瘿，易造成枯萎或风折。

2. 代表种类

（1）白杨透翅蛾

1）分布：东北、西北、华北。

2）寄主及危害：苗圃幼树，1～5 年生杨柳危害比较严重。形成不规则的虫瘿瘤，羽化孔上留有蛹壳。

3）形态特征：头、胸连接处有一围绕，黄色，腹部各节黄黑色相间排列，雄成虫第 2、6、7 节的前缘为橙黄色，其他为青黑色，触角端部接近杆棒状。

4）生活史及习性：1 年 1 代，以幼虫在树干穴道里越冬，五月下旬成虫羽化，羽化时把蛹壳留在羽孔上。

5）防治方法：加强检疫，尤其1～5年生的枝条；药剂防治，在成虫羽化期喷洒有机磷农药，卵孵化期可以喷触杀剂、点涂熏蒸剂；利用天敌，如姬蜂等。

（2）杨干透翅蛾

1）分布：山西、陕西、青海、甘肃、内蒙古。

2）寄主及危害：七年生以上的杨树，主干和根部。

3）形态特征：与白杨透翅蛾很像，但比它粗壮、前后翅都透明，腹部有5条黄褐相间的横带。

4）生活史及习性：在陕西2年1代，以幼虫越冬。

5）防治方法：同白杨透翅蛾。

七、蝙蝠蛾类

1. 概述

蝙蝠蛾类属于鳞翅目的蝙蝠蛾科。前后翅翅脉相同；雌蛾第9腹节有2生殖孔；触角很短，喙不发达；具翅轭；胫节无距；后翅狭小，腹部长大。全世界有300种以上，中国已知30多种。幼虫大都是害虫，蛀食植物的根、茎、枝、干。东北常见种为柳蝙蛾。幼虫为害柳、栎、桐、梨、桃、枇杷、葡萄等枝、干。

2. 代表种类

柳蝙蛾

1）分布：东北地区、河南、山东。

2）寄主及危害：食性很杂，除针叶树以外，阔叶的各种树干、水曲柳和糖槭的萌枝、小幼树。侵入孔上吐丝结网，孔周围有很多木屑，“木屑包”春夏洁白，秋冬褐色；形成不规则的虫瘿。

3）形态特征：褐色或黑褐色，前翅中央有“V”字形的斑纹，翅前缘有7～8个括号形的斑纹，在翅的亚外缘有2条深色的横带。

4）生活史及习性：在黑龙江省2年1代，以卵、幼虫在地下腐殖质层越冬。

5）防治方法：人工剪除有虫的枝条；早春以卵、幼虫越冬时在地面喷洒触杀剂；毒泥、毒签防治。

【思考与练习】

1. 简述小蠹类蛀干害虫防治措施。
2. 简述天牛类蛀干害虫防治措施。
3. 简述象甲类蛀干害虫防治措施。
4. 简述木蠹蛾类蛀干害虫防治措施。
5. 简述透翅蛾类蛀干害虫防治措施。

第四章　森林鼠（兔）害防治技术

学习目标：

◆了解森林害鼠（兔）的类型及危害

◆掌握森林害鼠（兔）的防治措施

◆熟悉常见灭鼠药剂的性能和使用要求

◆掌握灭鼠毒饵制作与投放的基本要求，会使用鼠夹和毒饵等方法防治害鼠（兔）

第一节　森林鼠（兔）害防治基础

一、森林害鼠（兔）类型及危害

1. 按森林害鼠危害特点划分

（1）地上危害类

地上危害类害鼠只危害植物的地上部分，在我国分布很广。主要啃食树干及幼树的嫩枝、嫩叶和竹笋等，或盗食林木种实，危害的树种主要有落叶松、油松、云杉、杨、柳、拐枣、核桃楸、黄菠萝等。该类害鼠种类较多，主要有田鼠类、沙鼠类、鼠兔类、姬鼠等。

（2）地下危害类

地下危害类害鼠主要指鼢鼠，如：中华鼢鼠、东北鼢鼠等，分布在我国的青藏高原、黄土高原及西部地区。生活、危害皆在地下，主要危害落叶松、油松、苹果、沙枣、桃、杏及其他多种经济林树种的根系，导致苗木死亡。

2. 按森林害鼠分布地区划分

（1）荒漠、半荒漠地区

该地区主要是指在西北的荒漠植被，如梭梭林、胡杨、红柳、沙拐枣等分布的地区。主要害鼠是大沙鼠、子午沙鼠、红尾沙鼠，伴生三趾跳鼠和五趾跳鼠等。

（2）黄土高原区

该区主要是指西北的黄土高原地区，以退耕还林地为主，主要害鼠（兔）是中华鼢鼠、甘肃鼢鼠、达乌尔鼠兔、草兔、蒙古兔，伴生高原鼢鼠、黄鼠、田鼠和高山鼠兔等。受害树种主要是油松、落叶松、云杉、沙棘、柠条、苹果、杏、桃和沙枣等。

（3）东北林区

该区包括东北三省及内蒙古东部地区，主要害鼠是棕背鼠平、红背鼠平、大林姬鼠、东方田鼠、莫氏田鼠，伴生东北鼢鼠、东北兔等。

主要受害树种是樟子松、落叶松、红松、油松、云冷杉、水曲柳、黄菠萝、核桃楸、杨树和东北红豆杉等。

（4）其他区域

其他区域省区鼠（兔）害发生地作为一个区划范围。

二、森林害鼠（兔）防治措施

1. 害鼠防治技术措施

（1）生态控制措施

生态控制措施，是指通过加强以营林为基础的综合治理措施，破坏鼠类适宜的生活和环境条件，影响害鼠种群数量的增长，以增强森林的自控能力，形成可持续控制的生态林业。

森林鼠害防治必须从营造林工作开始，要在营造林阶段实施各种防治措施，对森林鼠害进行预防性治理。

1）造林设计。造林设计时，应合理搭配树种，选择适合当地生长的各种针叶树、阔叶树和灌木树种，实行针阔混交、乔灌混交、灌灌混交，避免营造单一的纯林；同时，加植害鼠厌食树种，西北地区可加植沙棘、柠条等；东北在姬鼠、鼠平鼠等占优势的地区多营造落叶松，在东方田鼠和东北鼢鼠等占优势的地区多营造樟子松；要通过优化林分及树种结构，实行合理密植，利用灌木和次生林木的发达根系阻止地下害鼠活动；有条件的地方，也可先栽灌木，后种乔木。造林设计中要制定林业鼠害防治预案。

2）造林地、造林苗木处理。造林前，整地时不要将灌木连根清除，原有灌木根系一旦破坏，地下鼠便会很快侵入造林地危害苗木。要结合鱼鳞坑整地进行深翻，以破坏鼠类的洞道；将造林地内的枝桠、梢头、倒木等杂物清理干净，破坏害鼠的栖息环境。如果造林地内的害鼠数量过高，应先进行灭鼠，鼠口密度降低后再进行造林。

造林前，要对苗木采取必要的保护性技术措施。可用驱避剂、多效抗旱驱鼠剂等对苗木进行涂干或蘸根，实施预防性处理。林木保护剂防治是对造林苗木采取的一种保护性措施，该项措施无毒杀作用，可保护多种林木不被害鼠啃咬，对主要造林树种、经济林树种和林木种子等防护效能显著，持效期长，操作简便易行。目前常用的有多效抗旱驱鼠剂、P-1 拒避剂等。

3）林地抚育管理。造林后至树木中幼龄阶段应加强抚育管理，减少害鼠造成的危害。对于地上类害鼠，在抚育伐时要搞好林内环境卫生，及时清除林内的灌木和藤蔓植物，破坏害鼠栖息场所，减少其活动空间和食物储备。同时，控制抚育伐及修枝强度，促进中幼龄林早日郁闭成林。在害鼠数量较高的年份，可在林内定点堆积采伐剩余物如树头、枝丫及灌木枝条等，为害鼠过冬提供应急食物，以减轻其对林木的危害。

4）林木采伐管理。害鼠啃食林木的强度与植被状况有很大关系。采伐强度过大，森林乔木层和灌木层发生改变，甚至使植被失去乔木层，地表光照强度增加使草本植物生长良好，为多种鼠类提供了丰富的食物，又增加了鼠类的隐蔽条件。失去乔木层，鼠类某些天敌迁出，有利于鼠类生存。因此，最好采用择伐方式，采伐强度也不宜过大，使乔木层保持一定的郁闭度，这样可避免因环境条件剧烈改变而使鼠类出现暴发性的增长。合理的乔木层郁闭度应在0.6以上。

（2）天敌控制措施

根据自然界各种生物之间的食物联系，大力保护利用鼠类天敌，对控制害鼠数量增长和鼠害的发生具有积极作用。

1）林区内要保持良好的森林生态环境，实行封山育林，严格实行禁猎、禁捕等项措施，保护鼠类的一切天敌动物，最大限度地减少人类对自然生态环境的干扰和破坏，创造有利于鼠类天敌栖息、繁衍的生活条件。

2）在人工林内堆积石头堆或枝柴、草堆，招引鼬科动物；在人工林缘或林中空地，保留较大的阔叶树或悬挂招引杆及安放带有天然树洞的木段，以利于食鼠鸟类的栖息和繁衍。

3）有条件的地区，可以人工饲养繁殖黄鼬、伶鼬、白鼬、苍鹰等鼠类天敌进行灭鼠。

（3）物理防治

对于害鼠种群密度较低、不适宜进行大规模灭鼠的林地，可以使用鼠夹、地弓、弓形夹等物理器械，开展群众性的人工灭鼠。也可以采取挖防鼠阻隔沟，在树干基部捆扎塑料、金属等防护材料的方式，保护树体。黑龙江省佳木斯市林业局采用诱捕井方法对森林鼠害进行防治，效果不错，单位成本较低。方法是：诱捕井采用圆形塑料瓶，瓶高25厘米、直径9厘米，塑料瓶截去瓶口，垂直埋入地下，埋深20厘米，上口高出地面5厘米。诱饵选择炒熟的白瓜子、向日葵、浸入葱花油的纸、红松籽、饼干渣等鼠类喜食物中的一种置于诱捕井中。诱捕井设置间距10米×20米诱捕效果最好。

（4）生物防治

生物防治属于基础性的技术措施，要配套使用，并普遍、长期地实行，以达到森林鼠害的自然可持续控制。现在提倡使用的药剂可以分为三种。

1）肉毒素

肉毒素是指由肉毒梭菌所产生的麻痹神经的一类肉毒毒素，它是特有的几种氨基酸组成的蛋白质单体或聚合体，对鼠类具有很强的专一性，杀灭效果很好，在生产防治中可以推广应用；但是，该类药剂在使用中应防止光照，且不能高于一定温度，还要注意避免小型鸟类的中毒现象。

2）林木保护剂

林木保护剂，是指用各种方式控制鼠类的行为，以达到驱赶鼠类保护树木的目的，包括防啃剂、拒避剂、多效抗旱驱鼠剂等几类，由于该类药剂不伤害天敌，对生态环境安全，可以在生产防治中推广应用，尤其是在造林时使用最好。

3）抗生育药剂

抗生育药剂是指能够引起动物两性或一性终生或暂时绝育，或是能够通过其他生理机制减少后代数量或改变后代生殖能力的化合物，包括不育剂等药剂。

（5）化学药物灭鼠

对于害鼠种群密度较大、造成一定危害的治理区，应使用化学灭鼠剂进行防治。化学灭鼠剂包括急性和慢性的两种，含一些植物，甚至微生物灭鼠剂。

急性杀鼠剂，如磷化锌一类，严重危害非靶动物，破坏生态平衡，对人畜有害，应尽量限制其在生产防治中的使用。

慢性杀鼠剂中的第一代抗凝血剂，如敌鼠钠盐、杀鼠醚类，需要多次投药，容易产生耐药性，在防治中不提倡使用此类药物。第二代新型抗凝血剂，如溴敌隆等，对非靶动物安全，无二次中毒现象，不产生耐药性，可以在防治中大量使用。但应适当采取一些保护性措施，如添加保护色、小塑料袋包装等。大隆类药物因具有急、慢性双重作用，二次中毒严重，在生产防治中应慎用。

2. 害兔防治技术措施

（1）生态控制

1）改进造林整地方式。工程整地改变土壤结构，破坏了原有地被植物，使得野兔的取食目标更加明确，对林木造成的危害也相对较大。在有野兔危害的地区将全面整地改为穴状整地或带状整地，尽量减少对原有植被的破坏；同时，可采取挖30～50厘米深的鱼鳞坑方式进行预防，野兔一般在视野开阔处活动，不下坑危害。

2）优化林分和树种结构。造林设计要营造针阔乔灌混交林，并因地制宜、立足发展乡土树种，这是预防兔害的有效途径；同时，要适当加植野兔厌食树种，优化林分及树种结构，合理密植，使其早日郁闭成林。有条件的地方，应尽量选择苗龄较大或木质化程度较高的苗木造林。

3）种植替代性植物。对因食物短缺而引起的林地兔害，可以采取食物替代的方式转移野兔对树木的危害。例如，在种植冬小麦等农作物地区，可在林地条播5%～10%的农作物，如苜蓿等；在较寒冷地区，可种植耐寒牧草或草坪草。通过有选择地种植野兔喜食植物，为其过冬提供应急食品，可以有效地预防野兔对林木的危害，保护目的树种。

（2）生物防治

林区野兔天敌很多，包括猛禽（鹰、隼、雕）、猫科（狸、豹猫）及犬科（狐狸）等动物，应采用有力措施加以保护，即通过森林生态环境中的食物链作用，控制野兔数量。

1）禁猎天敌，加大监护力度。严禁乱捕滥杀野兔天敌，充分发挥和调动其防治作用。通过禁猎保护，提高天敌的种群数量，降低野兔密度，以达到长期、有效控制森林兔害的目的。

2）招引天敌，增加种群数量。在造林整地时有计划保留天敌栖息地，并积极进行天敌的人工招引；灌木林或荒漠林区可垒砌土堆、石头堆或制作水泥架，森林区可放置栖息架、招引杆或在林缘及林中空地保留较大的阔叶树，为天敌停落提供条件。招引时，如定期挂放家禽、家畜的内脏等作为诱饵，效果更好。

3）繁殖驯化，释放食兔天敌。人工饲养繁殖鹰、狐狸、猎兔狗等动物，并进行捕食和野化训练，必要时在有野兔危害的地区进行捕猎；也可迁移野兔天敌以控制其种群密度。

（3）保护驱避

1）培土埋苗。在越冬前，对1～2年生新植侧柏和刺槐苗等可采取高培土保护措施，即通过封土将苗木全部压埋，待来年春季转暖、草返青后再扒出，可有效避免野兔啃咬及冬季苗木风干。

2）捆绑保护物。在树干基部50厘米以下捆绑芦苇、塑料布、金属网等保护物，或用带刺植物覆盖树体，能起到很好的防护效果。

3）套置防护套。在树苗或树干上套置柳条筐、笼或塑料套管等防护套具，可有效避免野兔对树干的啃食。防护套具有“防兔、遮阴、防风”等优点。

4）涂放驱避物。在造林时或越冬前用动物血及骨胶溶剂、辣椒蜡溶剂、鸡蛋混合物、羊油与煤油及机油混合物、浓石灰水等进行树干及主茎涂刷，或在苗木附近放置动物尸骨和肉、血等物，可起到很好的驱避作用。

（4）物理防治

1）套捕。套捕方法主要是利用野兔活动时走固定路线，且常以沟壑、侵蚀沟为道路的习性进行捕杀，常用工具包括铁丝环套及拉网等，其中，拉网套捕方法可以在较大范围内捕捉野兔，适用于开阔平坦的地区。

2）诱捕。即利用诱饵引诱野兔入笼的方法。饵料应选用野兔喜食的新鲜材料，如新鲜绿色植物、胡萝卜、水果等。诱捕器可采用陷阱式或翻板式，具有足够大的空间，并应放置在野兔经常出没的地方。

3）猎捕。当野兔种群数量较大时，通过当地野生动物保护和森林公安部门，向公安机关或上级主管部门申请，以乡镇或县为单位组建临时猎兔队，在冬季使用猎枪进行限时、限地、限量地猎杀。使用猎枪时，要有专人负责枪支的发放与保存，签订枪支责任状，并做好相关宣传工作。

4）高压电网捕杀。经县级林业主管部门同意，亦可利用智能高压直流电网捕杀野兔。该电网由高压发生器、猎杀电网、警示电网、警示灯管和触发保护等装置组成，设置成封闭或开放式，内置野兔爱吃的新鲜食料、盐水等做诱饵。电网要安放各种警示标志，捕打人员沿途看管，及时巡视，严防人畜触电及火灾事故发生。

（5）化学防治

化学防治应依据仿生原理，使用既不杀伤非靶动物、又能控制有害动物数量的制剂，以压缩有害动物种群密度，降低有害动物暴发增长的幅度，并保护生态环境，维持有害动物与天敌之间数量平衡。目前，不育剂是主要的化学防治药剂。

不育剂的使用时间因其类型差异而略有不同，抑制精子、卵子排放的不育剂，要在野兔繁殖活动开始之前的一段时间内进行投放；作用于胚胎的不育剂，一般在野兔怀孕期间使用。

三、常用杀鼠剂及使用方法

1. 溴敌隆

溴敌隆属高毒杀鼠剂，被称为第二代抗凝血杀鼠剂，该药剂的毒理机制主要是拮抗维生素 K 的活性，阻碍凝血酶原的合成，导致致命的出血。死亡高峰一般在取食后的 4～6 天。该药剂是一种适口性好、毒性大、靶谱广的高效杀鼠剂。它不但具备敌鼠钠盐、杀鼠迷等第一代抗凝血剂作用缓慢、不易引起鼠类惊觉、容易全歼害鼠的特点，而且具有急性毒性强的突出优点，单剂量使用对各种鼠都能有效防除。同时，它还可有效杀灭对第一代抗凝血剂产生抗性的害鼠。适用于防治多种家鼠和野栖鼠。常用剂型有 0.5%粉剂、0.5%液剂和 0.005%颗粒剂。使用时可直接投放 0.005%颗粒剂毒饵，也可现配现用，一般制毒饵的有效成分含量 0.005%～0.15%。该灭鼠剂对人畜剧毒，对鸟类低毒，但有二次中毒问题，使用时应添加具有警觉作用的颜料、小塑料袋包装等保护措施。野外可一次性投放，每 5 米投 1 堆，每堆 5 克。误服该药剂中毒，可静脉注射 10 毫克维生素 K，每次间隔 8～12 小时，重复 2～3 次。

2. C 型肉毒素

C 型肉毒素是肉毒梭菌产生的一种嗜神经性麻痹毒素，对鼠类具有很强的专一杀灭性，是目前国家批准生产的唯一一种生物杀鼠剂，经过在新疆、内蒙古等国家级森林鼠害治理示范工程区内的大面积试验，对荒漠林害鼠的杀灭效果很好，可以在其他地区进行试验推广。常用剂型为 100 万毒价/毫升的水剂。毒性为中等，中毒作用速度介于急性和慢性杀鼠剂之间，其潜伏期为 1～2 天，死亡高峰为 2～4 天。适口性好，无二次中毒现象，适用于室内外各种鼠类和鼠兔等，但容易引起鸟类等动物的死亡。使用方法：用药量为 1～2 毫升/公顷，使用时制成药剂含量为 0.1%～0.2%的毒饵，用饵量为 1 123 克/公顷，采用洞口投饵或等距离投饵法。由于该毒素怕高温和光，配制时不宜用热水，也不宜在阳光下操作。药剂在 −15℃以下冰箱中保存。人畜误食 C 型肉毒素时可用 C 型肉毒梭菌抗血清治疗。

3. P-1 拒避剂

P-1 拒避剂是近年来国家林业局森林病虫害防治总站研制的一种多功能拒避剂。它是一种新型无公害防治技术，通过对害鼠的嗅觉和味觉器官产生强烈刺激作用，使其拒食以提高造林苗木的保存率，对主要造林树种及果树、经济植物和林木种子等具有很强的防护效果；同时，对其他非靶动物拒食作用强烈，对兽类天敌、有益动物和人畜无毒害作用，不污染环境，有利于维护森林生态系统安全。用 P-1 拒避剂进行蘸根防治鼠害，方法简单，效果明显。使用方法：每千克药剂可稀释 1.5～2 倍，用于涂干、浸润、喷雾、拌种等，使树体表面形成保护膜，防止鼠类和兔类啃食，有效期可持续 2 年以上。对人畜都有毒性。

4. 多效抗旱驱鼠剂

多效抗旱驱鼠剂是一种安全高效的害鼠驱避药剂，能够有效地保护种子、苗木免受害鼠的危害。使用剂量小，效果显著，对人畜安全，不污染环境。多效抗旱驱鼠剂由基料、驱鼠剂、多元微肥、人畜保护剂等成分组成。林用型为液剂，常温下性质稳定，溶于水。多效抗旱驱鼠剂具有调节土壤局部微环境，改变土壤磁场特性，充分利用土壤养分和水分，促进植物根系生长，提高成活率和出苗率，实现抗旱与鼠害预防的有机结合。对鼠害的预防效果达 90.7%，苗木生长净增加为 18.5%。使用方法：在种子处理时，1 千克多效抗旱驱鼠剂加水 20 千克，拌种 300 千克；加水 200 千克，浸种 500 千克。在苗木处理时，可用 100～200 倍泥浆对造林时的裸根苗进行蘸浆处理；也可用 500～800 倍水溶液在容器苗起苗前 1～3 天浇灌。

5. 贝奥雄性不育灭鼠剂

贝奥雄性不育灭鼠剂是选用纯天然植物提取原料制成的一种控制生育防治鼠害的新型灭鼠剂，其优点是绿色、环保、安全、有效、持久、无二次中毒，鼠类食用后，使其丧失生殖能力，从而减少鼠类种群数量，并维持在不足以造成危害的程度。适用于防治地上活动的鼠类。常见剂型为 2.5%颗粒剂。使用方法：条形施药每行间距 10 米，每堆间距 5 米，每堆投药 10 克；或每亩约投 20 堆，每堆投药 10 克。首次投药后间隔 4～5 天后再投第二次，连续投药 3 次。

四、森林鼠（兔）害防治效果调查

防治效果调查包括害鼠减少率和林木被害减少率两方面内容。害鼠减少率调查在防治后 4～5 天（急性灭鼠剂）或 10～15 天（抗凝血灭鼠剂）进行调查；林木被害减少率调查在害鼠危害结束后进行。

1. 灭鼠毒饵的害鼠减少率调查

（1）鼠夹法

灭鼠前，要选择标准地调查害鼠的密度，记载每块标准地的捕鼠率。对同一个生态类型的防治林分，以害鼠捕获率平均值为一个基点，以害鼠平均值与最高捕获率的中间值为一个基点，以害鼠平均值与最低捕获率的中间值为一个基点，再以与上述 3 个基点鼠密度最相近的防治地块作为调查防治效果的标准地，防治面积在 100 公顷以下的地块，选 3 块标准地；100～500 公顷之间的选 6 块标准地；500 公顷以上的选 9 块标准地。每块样地放置 100 个以

4）在幼林地、苗圃、种子园秋季翻地可使鼠密度下降，同时降低林木被害程度。

5）在经济林套种对鼢鼠有驱逐作用的紫苏，其覆盖度达80%以上时，可使林木免受鼢鼠危害。

6）保护猛禽、蛇类、黄鼬、艾虎、狐等食鼠动物。在采伐更新时，每公顷保留4株4米高以上的活孤立木，可招引猛禽类栖息、停留，对控制周围幼林的鼢鼠数量有明显作用。

7）在鼢鼠活动高峰期用地弓、地箭、弓形夹安装在有效洞道上捕杀。也可人工捕捉，发现有效洞后，将鼠洞重新掘开，露出洞口，持锹在洞口后方等待鼢鼠再次封洞，用锹截断其后路，再用锹将鼠与土掘到地面，然后捉住。

8）鼢鼠活动期在幼林地防治可采用P-1拒避剂灌根，在树根10厘米处，用尖锐的木棍向下扎一个深15毫升的小洞，将50厘米药液（药剂与水按1∶2稀释）灌入洞中，盖土封闭洞口。

9）在春季（3—4月份）和秋季（9—10月份），使用0.02%溴敌隆原药拌当归、党参、马铃薯制成毒饵用加长漏斗从孔插入鼠洞道内，把毒饵从漏斗中投入洞中。每洞10克。

二、森林主要兔害防治

1. 东北兔

（1）分布与危害

东北兔广泛分布于我国东北各地区，大小兴安岭、长白山山地以及松花江平原等地。主要以树皮、嫩枝、草本植物为食。

（2）形态特征

东北兔属于兔形目兔科兔属，别名野兔、草兔、山兔、黑兔子、山跳子。体形较大。耳较短，向前折不到达鼻端。尾短。头部和身体背面为棕黑色，由黑色长毛与浅棕色毛相间。两侧颜色较浅，黑色针毛较少。头部色较深，耳尖发黑。颈下黄棕色。尾背面黑灰色，腹面灰色。夏毛颜色较深。有时也出现全黑棕色的个体变异。

（3）生态习性

主要栖息于针阔混交林中，亦在平原、荒草地、河谷灌丛等活动。一般无固定巢穴，产仔时临时在凹地、灌丛中筑巢，每年繁殖两次。白昼栖居于灌木丛、杂草或树根下，晚间出来活动觅食。以各种杂草、树皮、嫩叶、枝芽及草本植物为食。

（4）防治方法

1）改进造林整地方式。工程整地改变土壤结构，破坏了原有地被植物，使得野兔的取食目标更加明确，对林木造成的危害也相对较大。在有野兔危害的地区将全面整地改为穴状整地或带状整地，尽量减少对原有植被的破坏；同时，可采取挖30～50厘米深的鱼鳞坑方式进行预防，野兔一般在视野开阔处活动，不下坑为害。

2）优化林分和树种结构。造林设计要营造针阔乔灌混交林，并因地制宜、立足发展乡土树种，这是预防兔害的有效途径；同时，要适当加植野兔厌食树种，优化林分及树种结构，合理密植，使其早日郁闭成林。有条件的地方，应尽量选择苗龄较大或木质化程度较高的苗木造林。

3）种植替代性植物。对因食物短缺而引起的林地兔害，可以采取食物替代的方式转移野兔对树木的为害。例如，在种植冬小麦等农作物地区，可在林地条播5%～10%的农作物，如苜蓿等；在较寒冷地区，可种植耐寒牧草或草坪草。通过有选择地种植野兔喜食植物，为其过冬提供应急食品，可以有效地预防野兔对林木的危害，保护目的树种。

4）保护鹰类、猛禽、狼、狐、黄鼬及猫科动物等天敌。可采取在灌木林或荒漠林区砌筑石堆，设栖止杆等招引措施。在秋季以及春季用格力犬捕捉，以4只一组进行围捕，由坡上向下追捕野兔成功率高。

5）由于野兔常以沟壁和侵蚀沟为固定路线行走，可用布夹、拉电网、设索套等方式人工捕捉。用弓形踏板夹，以胡萝卜、水果、新鲜绿色植物为诱饵，设在兔道上捕杀。使用汽车12伏特电瓶，加装1个可升至5 000伏瞬间电压的升压装置，电网可铺设5 000米，环形封闭布设在兔道上，根据野兔在傍晚至清晨为活动高峰的规律，傍晚开始供电，清晨收回，由专业技术人员操作，要限时、限地、限量地猎杀，并注意巡视和安全。春、秋两季自行制作钢（铁）丝索套，用单个或多个索套布放在兔道上捕杀。

6）越冬前，对1～2年生新植侧柏和刺槐苗等进行高培土，树干基部50厘米以下捆绑木条、塑料薄膜、金属网或用带刺植物覆盖树体防止啃食。

7）造林前，幼林地树木萌动前，用P-1拒避剂与水1∶2喷雾或药液与水1∶1涂刷树干，造林时用P-1拒避剂药液浸润苗木茎干可预防野兔为害。还可在越冬前或造林时用动物血及骨胶溶剂、辣椒蜡溶剂、鸡蛋混合物、羊油与煤油及机油混合物，浓石灰水等进行树干及主茎涂刷，或在苗木附近放置动物尸骨和肉、血等物，可起到很好的驱避作用。

2. 草兔

（1）分布与危害

草兔分布于长江以北的广大地区，主要啃树幼苗、幼树给林业造成危害。

（2）形态特征

草兔属于兔形目兔科兔属，体型较大，体长380～480毫米，尾长90～100毫米，耳长80～120毫米。上体黄褐色，耳尖暗褐色。尾背面黑褐色，尾缘及腹面白色。

（3）生态习性

草兔栖息于山坡林地、农田附近、半荒漠地区绿洲、沙丘灌丛等处，独居，无固定巢穴，昼夜都能活动，有固定行走路线。主要以草本植物为食，啃食幼苗和幼树树皮。尤其喜食豆类和麦苗等农作物。在南方冬末发情，早春产仔，妊娠期42天左右，每年2～4胎，每胎2～6仔，早春出生的幼兔夏末性成熟。

（4）防治方法

同东北兔的防治方法。

【思考与练习】

1. 棕背鼠平和红背鼠平的防治方法有哪些?
2. 大林姬鼠的防治方法有哪些?
3. 东北鼢鼠的防治方法有哪些?
4. 东北兔的防治方法有哪些?
5. 草兔的防治方法有哪些?